国之重器出版工程

制 造 强 国 建 设

智能制造新模式应用系列

U0281528

网络协同制造模式

庞国锋　徐　静　沈旭昆　编著

华信研究院智能制造研究所　组编

电子工業出版社

Publishing House of Electronics Industry

北京 · BEIJING

内 容 简 介

当前，我国积极贯彻制造强国战略，以智能制造为主攻方向推动产业技术变革和优化升级。许多企业先行先试，积极探索实施智能制造，其经验得出要推进智能制造，模式的推广应用是关键。

本书针对网络协同制造模式，按照剖析原理、着眼应用、提取共性、突出个性的原则，以形成解决方案、提出落地措施为目标，从基本概念、通用架构、要素条件、案例分析、市场发展等方面，对其进行全面分析介绍。其中，第一章是绪论，主要介绍智能制造的基本概念、系统架构和企业需求；第二章主要介绍智能制造的通用模式与实施步骤；第三章对网络协同制造模式进行解读，主要包括概念、特点、面临问题、目标要求等，并着重对每一个要素条件进行详细分析；第四章对近年来在实施网络协同制造模式方面取得成效的企业进行案例分析；第五章介绍网络协同制造模式解决方案的供应商和重点设备、产品。全书以基本知识、基本理论为主，对某些关键要素和关键环节也进行了深入的技术性剖析，力求帮助读者快速全面地了解、认识和掌握智能制造基本架构及网络协同制造模式的实施步骤和方法。

本书适合高等院校和职业院校相关专业学生、智能制造解决方案供应商、制造业企业决策与技术人员，以及关心智能制造技术发展的社会人士学习。

未经许可，不得以任何方式复制或抄袭本书之部分或全部内容。
版权所有，侵权必究。

图书在版编目（CIP）数据

网络协同制造模式 / 庞国锋，徐静，沈旭昆编著. —北京：电子工业出版社，2019.3
（智能制造新模式应用系列）
ISBN 978-7-121-35701-5

Ⅰ. ①网…　Ⅱ. ①庞…　②徐…　③沈…　Ⅲ. ①智能制造系统　Ⅳ. ①TH166

中国版本图书馆 CIP 数据核字（2018）第 271144 号

策划编辑：许存权
责任编辑：许存权　　特约编辑：谢忠玉 等
印　　刷：固安县铭成印刷有限公司
装　　订：固安县铭成印刷有限公司
出版发行：电子工业出版社
　　　　　北京市海淀区万寿路 173 信箱　邮编　100036
开　　本：720×1000　1/16　印张：17.75　字数：314 千字
版　　次：2019 年 3 月第 1 版
印　　次：2019 年 3 月第 1 次印刷
定　　价：98.00 元

凡所购买电子工业出版社图书有缺损问题，请向购买书店调换。若书店售缺，请与本社发行部联系，联系及邮购电话：（010）88254888，88258888。

质量投诉请发邮件至 zlts@phei.com.cn，盗版侵权举报请发邮件至 dbqq@phei.com.cn。

本书咨询联系方式：（010）88254484，xucq@phei.com.cn。

《国之重器出版工程》
编 辑 委 员 会

编辑委员会主任：苗　圩

编辑委员会副主任：刘利华　辛国斌

编辑委员会委员：

冯长辉	梁志峰	高东升	姜子琨	许科敏
陈　因	郑立新	马向晖	高云虎	金　鑫
李　巍	李　东	高延敏	何　琼	刁石京
谢少锋	闻　库	韩　夏	赵志国	谢远生
赵永红	韩占武	刘　多	尹丽波	赵　波
卢　山	徐惠彬	赵长禄	周　玉	姚　郁
张　炜	聂　宏	付梦印	季仲华	

专家委员会委员（按姓氏笔画排列）：

于　全　中国工程院院士

王少萍　"长江学者奖励计划"特聘教授

王建民　清华大学软件学院院长

王哲荣　中国工程院院士

王　越　中国科学院院士、中国工程院院士

尤肖虎　"长江学者奖励计划"特聘教授

邓宗全　中国工程院院士

甘晓华　中国工程院院士

叶培建　中国科学院院士

朱英富　中国工程院院士

朵英贤　中国工程院院士

邬贺铨　中国工程院院士

刘大响　中国工程院院士

刘怡昕　中国工程院院士

刘韵洁　中国工程院院士

孙逢春　中国工程院院士

苏彦庆　"长江学者奖励计划"特聘教授

苏哲子　中国工程院院士

李伯虎　中国工程院院士

李应红　中国科学院院士

李新亚　国家制造强国建设战略咨询委员会委员、
　　　　中国机械工业联合会副会长

杨德森　中国工程院院士

张宏科　北京交通大学下一代互联网互联设备国家
　　　　工程实验室主任

陆建勋　中国工程院院士

陆燕荪　国家制造强国建设战略咨询委员会委员、
　　　　原机械工业部副部长

陈一坚　中国工程院院士

陈懋章　中国工程院院士

金东寒　中国工程院院士

周立伟　中国工程院院士

郑纬民　中国计算机学会原理事长

郑建华　中国科学院院士

屈贤明 国家制造强国建设战略咨询委员会委员、工业和信息化部智能制造专家咨询委员会副主任

项昌乐 "长江学者奖励计划"特聘教授，中国科协书记处书记，北京理工大学党委副书记、副校长

柳百成 中国工程院院士

闻雪友 中国工程院院士

徐德民 中国工程院院士

唐长红 中国工程院院士

黄卫东 "长江学者奖励计划"特聘教授

黄先祥 中国工程院院士

黄　维 中国科学院院士、西北工业大学常务副校长

董景辰 工业和信息化部智能制造专家咨询委员会委员

焦宗夏 "长江学者奖励计划"特聘教授

前　言

　　制造业是实体经济的主体，是国民经济的脊梁，是国家安全和人民幸福安康的物质基础，是我国经济实现创新驱动、转型升级的主战场。进入 21世纪以来，计算机技术、信息技术、移动互联网技术、大数据技术及制造技术的融合正给制造业格局带来新变化，推动生产模式和产业形态发生重大变革，智能制造已经成为当今全球发展不可阻挡的趋势，也是工业化转型的推动力之一。习近平总书记在党的十九大报告中强调，要加快建设制造强国，加快发展先进制造业。我国制造强国战略从国家层面确定了我国建设制造强国的总体战略，明确提出以新一代信息技术与制造业深度融合为主线，以推进智能制造为主攻方向，实现我国由制造大国向制造强国的转变。

　　智能制造是将制造技术、新兴信息技术、智能科学技术、系统工程技术及产品有关专业技术等融合运用于产品制造全系统和全生命周期（全产业链）活动，对制造全系统、全产业链活动中的人、机、物、环境、信息进行智能化的感知、互联、协同和智能处理，使制造企业的人/组织、经营管理、设备与技术（三要素）及信息流、物流、资金流、知识流、服务流（五流）集成优化，进而改善产品及其开发时间、质量、成本、服务、环境清洁和知识含量，以实现企业市场竞争能力提高的一种互联化、服务化、个性化（定制化）、柔性化、社会化的制造新模式、新技术、新手段和新生态。推进智能制造发展，可有效缩短产品研制周期，提高生产效率，提升产品质量，降

低资源能源消耗，对深化制造业供给侧结构性改革，加快我国制造业转型升级和与"互联网+"融合发展，培育制造业竞争新优势，建设制造强国具有重要意义。

当前，我国制造强国战略和智能制造工作已进入全面部署、深入推进的新阶段。其中，自 2015 年开始的智能制造试点示范专项行动，在关键技术装备创新、智能制造标准制定、工业软件开发、企业提质增效等方面成效卓著，不但全面提升了企业研发、生产、管理和服务的数字化、网络化、智能化水平，还带动了众多新技术、新产品、新装备快速发展，形成了流程型、离散型、大规模个性化定制、网络协同和远程运维等五种智能制造新模式，有力推动了制造业供给侧结构性改革和转型升级，为制造强国的实现打下了坚实基础。但是，我国现阶段仍然存在智能制造关键技术装备受制于人、智能制造标准/软件/网络/信息安全基础薄弱、智能制造人才供给不足、地区/行业发展不平衡等问题，相对于美、德、日等制造业先进国家，推动我国智能制造任务更加艰巨。为贯彻落实我国制造强国战略，牢牢把握智能制造这一主攻方向，必须把智能制造新模式推广应用作为一项长期坚持的重要任务，将重点企业在智能制造点上的突破向行业和区域的线、面延伸，不断夯实智能制造发展的基础，巩固制造业转型升级的主要路径，促进全社会共同推进智能制造。

目 录

第一章

绪论

第一节　智能制造概念特征

一、概念

"智能制造"可以从制造和智能两方面进行解读。首先，制造是指对原材料进行加工或再加工，以及对零部件进行装配的过程。通常，按照生产的产品与控制的对象不同，制造分为流程制造与离散制造。根据我国现行标准 GB/T4754—2017，我国制造业包括 31 个行业，进一步又划分为约 175 个中类、530 个小类，涉及国民经济的方方面面。其次，智能是由"智慧"和"能力"两个词语构成的。从感觉到记忆再到思维这一过程，称为"智慧"，智慧的结果产生了行为和语言，将行为和语言的表达过程称为"能力"，两者合称为"智能"。因此，将感觉、记忆、回忆、思维、语言、行为的整个过程称为智能过程，它是智力和能力的表现。

目前，国际和国内尚没有关于智能制造的准确概念，但工信部组织专家给出了一个比较全面的描述性定义：智能制造是基于新一代信息技术，贯穿设计、生产、管理、服务等制造活动各个环节，具有信息深度自感知、智慧优化自决策、精准控制自执行等功能的先进制造过程、系统与模式的总称。

从该定义可以看出，智能制造是制造技术与数字技术、智能技术及新一代信息技术的融合，需要具备信息感知、优化决策、执行控制的能力，目标是缩短产品研制周期、降低运营成本、提高生产效率、提升产品质

量、降低资源能源消耗。因此，智能制造对我国工业转型升级和国民经济持续发展有重要作用。

二、特征

广义而论，智能制造是一个大概念，也是一个不断演进的大系统，本质上是先进制造技术与新一代信息技术不断深度融合的产物。自 20 世纪 90 年代智能制造提出开始，智能制造经历了长期实践演化过程，出现了精益制造、柔性制造、并行制造、敏捷制造、数字化制造、计算机集成制造、网络化制造、云制造、智能化制造等不同类型，但归纳起来，任何一种类型的智能制造，都具备数字化、网络化和智能化制造三个最基本的特征。

1. 数字化

（1）产品数字化：使用 CDD（通用数据字典）建立产品全生命周期数据集成和共享平台；使用 PDM 管理产品相关信息（包括零件、结构、配置、文档、CAD 文件等），使用 PLM 进行产品全生命周期管理（产品全生命周期的信息创建、管理、分发和应用的一系列应用解决方案）；使用 CAD 和 CAE 进行产品设计和产品仿真评估。

（2）生产工艺数字化：使用 CAPP 通过数值计算、逻辑判断和推理等功能来制定和仿真零部件机械加工工艺过程，使用 CAM 进行生产设备管理控制和操作过程。

2. 网络化

（1）生产现场的智能装备互联互通：通过现场总线（如 PROFIBUS、CC-Link、Modbus 等）、工业以太网（如 PROFINET、CC-Link IE、Ethernet/IP、EtherCAT、POWERLINK、EPA 等）、工业无线网（如 WIA-PA、WIA-F、WirelessHART、ISA 100.11a 等）以及移动网（如 2G、3G、4G，以及未来的 5G 网络）等方式实现。

（2）工业控制（自动化）网络与生产管理（信息）网络集成：通过 OPC UA、Web Services 等技术实现。

（3）工厂网络与互联网集成：通过大数据应用和工业云服务实现企业互联、产品远程维护等智能服务。

3. 智能化

（1）智能生产：面向定制化设计，支持多品种小批量生产模式，通过使用智能化的生产管理系统与智能装备，实现生产过程全生命周期的智能化管理，以及状态自感知、实时分析、自主决策、自我配置、精准执行的自组织生产。

（2）智能产品：一方面，产品本身的智能化提升，如提供友好的人机交互、语言识别、数据分析等智能功能；另一方面，生产过程中的每个产品和零部件是可标识、可跟踪的，甚至产品了解自己被制造的细节以及将被如何使用。

（3）智能服务：利用互联网、云计算、大数据分析等新技术，提供远程检测诊断、运营维护、技术支持等售后智能服务。

数字化、网络化、智能化是保证智能制造实现"两提升、三降低"经济目标的有效手段。数字化确保产品从设计到制造的一致性，并且在制样前对产品的结构、功能、性能乃至生产工艺都进行仿真验证，极大地节约了开发成本和缩短了开发周期。网络化通过信息横纵向集成实现研究、设计、生产和销售各种资源的动态配置以及产品全程跟踪检测，实现个性化定制与柔性生产，同时提高了产品质量。智能化将人工智能融入设计、感知、决策、执行、服务等产品全生命周期，提高生产效率和产品核心竞争力。

第二节　智能制造系统架构

一、定义

智能制造系统（Intelligent Manufacturing System，IMS）是一种由智能机器和人类专家共同组成的人机一体化系统。它是基于智能制造技术，综合应用神经网络、遗传算法等人工智能技术、智能制造机器、代理技术、材料技术、现代管理技术、信息技术、自动化技术和系统工程理论与方法，所形成的网络集成的、高度自动化的一种制造系统。智能制造系统是智能技术集成应用的环境，也是实现智能制造和展现智能制造模式的载体，通过使用智能化的生产管理系统和智能装备来实现生产过程的智能化。

从系统实现过程的角度，一方面，智能制造系统通过将智能化的生产管理系统［包括工厂/车间业务与生产管理软件、监控软件、ERP（企业资源计划）、MES（制造执行系统）、PLM（产品全生命周期管理）/PDM（产品数据管理）、SCADA（数据采集与监视控制系统）等］与网络化的智能装备（包括高档数控机床与机器人、增材制造装备、智能传感与控制装备、智能检测与装配装备、智能物流与仓储装备等）集成起来并进行交互，来实现智能化、网络化分布式管理，进而实现企业业务流程与工艺流程的协同，生产智能产品；另一方面，智能制造系统不仅关注产品全生命周期管理，而且扩展到供应链、订单、资产等全生命周期管理（见图 1-1），是一个覆盖更宽泛领域和技术的"超级"系统工程。

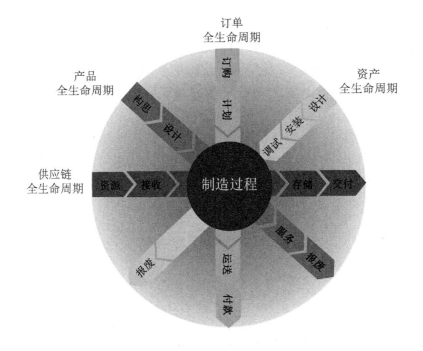

图 1-1　智能制造全生命周期管理

二、组成

为实现智能制造系统，应规范智能制造系统的整体架构。所谓智能制造系统架构，是指一个通用的制造体系模型，其作用是为智能制造的技术系统提供构建、开发、集成和运行的框架；其目标是指导以产品全生命周期管理形成价值链主线的企业，实现研发、生产、服务的智能化，通过企业间的互联和集成建立智能化的制造业价值网络，形成具有高度灵活性和持续演进优化特征的智能制造体系。

智能制造系统基本架构如图 1-2 所示，划分为 4 个层级：生产线层、车间/工厂层、企业层和企业协同层。

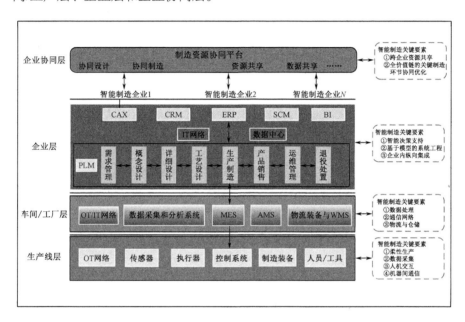

图 1-2　智能制造系统基本架构

1. 生产线层

生产线层是指生产现场设备及其控制系统，主要由 OT（运营技术）网络、传感器、执行器、工业机器人、数控机床、工控系统、制造装备、人员/工具等组成。

实现生产线层智能制造的关键是柔性生产、数据采集、人机交互、机器间通信等。其中，柔性生产是指实现多品种、小批量的生产方式，以及可降低在不同产品或部件之间切换所花费的时间和成本；数据采集是指生产线集成了传感和控制系统，能够实时采集生产设备、物料、半成品和产成品的状态，并将数据传输给生产控制系统；人机交互是指人员和生产设备之间的信息通信方式，包括固定的交互界面、生产监测与控制系统、移动终端等；机器间通信是指生产设备之间的信息通信方式，包括现场总线、工

业以太网、互联网、M2M（指数据从一台终端传送到另一台终端）等方式。

2．车间/工厂层

车间/工厂层主要是指制造执行系统及车间物流仓储系统，主要由OT/IT 网络、生产过程数据采集和分析系统、制造执行系统（MES）、资产管理系统（AMS）、车间物流管理系统（LMS）、仓库管理系统（WMS）、物流与仓储装备等组成。

实现车间/工厂层智能制造的关键要素主要包括数据处理、通信网络、物流与仓储管理。其中，数据处理是指对采集到的设备状态、物料信息等生产数据进行分析和评估，以实现生产过程的自动规划和控制；通信网络是指车间/工厂内的信息通信网络，包括统一的数据交换格式和规则、独立且互联互通的数据服务器、全互联的信息技术整体解决方案等；物流与仓储管理包括智能物流与仓储设备、仓储管理系统（WMS）以及车间内物流管理系统（LMS）。

3．企业层

企业层是指产品全生命周期管理及企业管控系统，主要由产品全生命周期管理系统（PLM）、IT 网络、数据中心、客户关系管理系统（CRM）、计算机辅助技术（CAX）、企业资源计划管理系统（ERP）、供应链管理系统（SCM）、商务智能系统 BI 等组成。

实现企业层智能制造的关键要素主要有智能决策支持、基于模型的系统工程和企业内纵向集成。其中，智能决策支持包括自动排产和动态调度、供应链管理、订单和质量管理以及决策支持等；基于模型的系统工程包括基于标准的产品模型数据定义、产品数据管理、产品模型传递和关联维护；企业内纵向集成包括制造执行系统（MES）与企业资源计划系统（ERP）的集成、制造过程控制系统与制造执行系统（MES）的集成。

4．企业协同层

企业协同层是指由网络和云应用为基础构成的覆盖价值链的制造网络，主要包括制造资源协同平台、协同设计、协同制造、供应链协同、资源共享、信息共享、应用服务等。

实现企业协同层智能制造发展水平的关键要素主要有跨企业资源共享、全价值链的关键制造环节协同优化。其中，跨企业资源共享是指企业之间通过共享平台和共享规则，实现创新、研发、设计、生产、服务、信息等资源的共享；全价值链的关键制造环节协同优化是指企业间设计、供应、制造和服务等关键制造环节的并行组织与协同优化，以及制造服务和资源的动态分析与柔性配置。

三、功能

通过对智能制造系统框架各层级组成要素的分析，智能制造系统具有的功能包括以下几个方面。

1．信息感知

智能制造需要大量的数据支持，通过利用高效、标准的方法实时进行信息采集、自动识别，并将信息传输到分析决策系统。

2．优化决策

通过面向产品全生命周期的信息挖掘提炼、计算分析、推理预测，形成优化制造过程的决策指令。

3．实时控制

根据决策指令，通过执行系统控制制造过程的状态，实现稳定、安全运行。

4．智能生产

实现从单个机器到生产线、车间、工厂、企业到结合外围生产资源的智能决策和动态柔性重组优化，显著提升企业资产利用效率和运营管理效率，提高产品质量、降低生产成本。

5．卓越供应

企业内部供应链延伸至上下游甚至全球，在全面迅速地了解世界各地消费者需求的同时，对其进行计划、协调、操作、控制和优化，实现供应链的一体化和快速反应，达到商流、物流、资金流和信息流的协调通畅。

6．网络协同

形成众包众创、协同设计、协同制造、垂直电商等一系列新模式，大幅降低新产品开发制造成本，缩短产品上市周期。

7．个性定制

基于互联网获取用户个性化需求，通过灵活组织设计、制造资源和生产流程，实现低成本大规模定制，实现以产品为中心向以客户为中心转变。

8．优化服务

通过对产品运行的实时监测，提供远程维护、故障预测、性能优化等一系列服务，并反馈优化产品设计，实现制造企业服务化转型。

四、集成

实现智能制造系统的过程，主要是将上述智能制造系统架构各层级的关键组成要素在各层级内部及各层级之间进行综合集成，集成的方式包括以下方面。

1．企业内部纵向集成

企业内部纵向集成主要是企业内部信息流、资金流和物流的集成，在智能制造系统架构中表现为生产线层级的制造过程控制系统、车间/工厂层级的制造执行系统（MES）以及企业层级的企业资源计划系统（ERP）之间的互联互通，可以自动地上传下达设备状态、物料信息、生产能力、订单状态、生产环境、生产指令、物料清单等数据。

2．企业间横向集成

企业间横向集成主要是指企业之间通过价值链以及信息网络实现的资源整合，为实现各企业间的无缝合作，实时提供产品与服务，推动企业间研产供销、经营管理与生产控制、业务与财务全流程的无缝衔接和综合集成，实现从产品开发、生产制造、经营管理、销售服务等在不同企业间的信息共享和业务协同，在智能制造系统架构中表现为价值链上企业之间的制造资源共享，以及关键制造环节的并行组织和协同优化。

3．产品全生命周期数字化集成

产品全生命周期数字化集成主要是指围绕产品全生命周期的价值创造，通过价值链上不同企业资源的整合，实现从产品设计、生产制造、物流配送、使用维护的产品全生命周期的管理和服务，集成供应商、制造商、分销商及客户的信息流、资金流和物流，在创新产品和服务的同时，重构产业链各环节的价值体系。

五、关键技术

智能制造系统实现过程是制造技术、新一代信息技术、智能科学技术、系统工程技术及产品有关专业技术等的融合运用，相对来说，企业更关心系统开发和集成所需的信息赋能技术。近年来，工业软件技术不断深化，工业互联网技术日益成熟，ICT 融合技术飞跃提升，从不同方面有效地支撑了互联网+制造系统，为企业智能化升级改造奠定良好基础。

1．工业软件技术

一是复杂系统的建模与仿真，满足分布式仿真、复杂物理场仿真、现实与虚拟交互仿真，以及整个互联网+制造系统建模仿真的需求。二是传统工业软件+大数据，企业管理和生产管理等软件与大数据技术结合，通过对设备、用户、市场等数据的分析，提升场景可视化能力，实现对用户行为和市场需求的预测与判断。三是 SaaS 模式软件，SCM、CAX、MES 甚至工控软件的云化为企业的分布式管理和远程协作提供了有利条件。

2．工业互联网技术

作为海量工业数据感知、传输、集成与分析的载体，将在"互联网+制造"中发挥关键作用。一是全面感知技术，即广泛使用二维码、RFID、传感器等，实现对"物"或环境状态的识别以及感知信号的摄入。二是实时动态传输技术，即广泛使用工业以太网、工业无线网、工业光网等，实现企业内外部各类工业设备、物料、信息系统以及人之间的泛在连接。三是异构互联集成技术，当前工厂内控网络与信息网络互联以 OPC/OPC-UA 协议为主，工业设备、产品到云平台之间则有 AMQP、MQTT、XMPP、OPC-UA、SOAP、DDS 等多种协议，异构数控设备间互联

则有 MTConnect、TDNC-Connect 等传输协议，用于解决底层系统数据与 IT 系统和互联网应用的融合问题。

3．ICT 融合技术

随着网络、存储、计算、应用、虚拟建模与仿真、控制等 ICT 技术的不断融合，云计算、边缘计算、大数据、CPS 等技术快速发展，为互联网+制造中产生和累积的大量数据，提供了各种处理、使用和增值的方法与途径，在互联网+制造系统中的作用与日俱增。

第三节　智能制造发展现状与企业需求

一、发展现状

1．推进智能制造工作取得了重大进展，但整体上尚处于由概念走向应用的探索阶段

智能制造是我国制造业由大变强的核心技术和主线，通过推进智能制造，在装备制造、电子信息、消费品和原材料等重点行业以及新一代信息技术、高档数控机床、工业机器人等重点领域先行先试，这些重点项目经智能化改造后，在企业提质增效、降本减耗、提高核心竞争力等方面发挥了积极作用，有力地支撑并带动了制造业转型升级。企业对发展和应用智能制造的热情越来越高，已经涌现出一些企业积极制定并实施本企业发展智能制造的规划计划，未来智能制造将会在我国制造业获得大发展和广泛应用。

但是，受产业结构、发展理念、技术积累及资金投入的制约，许多企业对智能制造的认识仍停留在技术和工艺阶段，智能制造在我国尚未形成完善、规范的标准体系，还存在着技术创新能力薄弱，产业规模小，市场占有率低，产业组织结构小、散、弱等问题，高档和特种传感器、智能仪器仪表、自动控制系统、高档数控系统、机器人的市场份额还很低，缺乏具有国际竞争力的骨干企业和典型行业，以及典型企业可供借鉴的实施路径和经验。

2. 核心装备和关键技术取得突破，但部分装备、器件、技术受制于人的状况未取得根本改变

通过智能制造试点示范行动和智能制造新模式应用的实施，突破和应用了一批关键技术装备，研制成功了一批智能制造成套装备。据不完全统计，2015—2017 年共突破和应用了 316 台关键技术装备、215 套重点领域急需的智能制造成套装备，申请了专利 723 项，其中已授权 277 项。如大族激光突破了三维五轴联动光纤激光切割机床，秦川机床、苏州绿的突破了高精密 RV 减速器、谐波减速器等机器人关键零部件，宁夏共享研制并应用了大尺寸精密砂型 3D 打印机，中航工业西安飞行自动控制研究所开展高性能伺服阀、复杂壳体精密液压组件自动智能装配系统等关键成套设备的研制，青岛四方突破了高铁转向架智能化焊接及检测组装成套装备，埃夫特、奇瑞汽车合作研制的工业机器人汽车焊接自动化生产线打破了国外长达 30 年的垄断等。

但是，我国制造业核心技术与部件受制于人的状况并没有根本改变，先进感知与测量、高精度运动控制、高可靠智能控制、建模与仿真等领域仍有待突破。关键技术装备自足率较低。高档数控机床、多轴工业机器人、传感器、检测等核心技术装备还较大程度地依赖进口，国内市场 60% 的工业机器人、90% 的高档数控系统与高性能传感器、85% 的可编程逻辑控制器依赖进口，智能制造有出现"空心化"的风险。

3. 核心工业软件支撑能力得到有效提升，但工业软件对外依存问题仍然突出

智能制造技术是以信息技术、自动化技术与先进制造技术全面结合为基础的。近年来，通过智能制造试点示范等重大工程，围绕设计仿真、工业控制、数据管理、测试验证平台等方面开发了一大批工业软件，有效地支撑了制造企业的智能转型升级。例如，吉利易云开发了供应协同管理系统、MES 智能制造管理系统/制造执行系统、零缺陷质量网系统等多种系统，华曙高科开发了全球首款增材制造集多模块功能于一体的系统控制软件等。

但是，由于我国制造业的两化融合程度相对较低，低端 CAD 软件（二维绘图）和企业管理软件得到很好普及，但应用于各类复杂产品设计（三维建模）和企业管理的智能化高端软件产品缺失，在计算机辅助设计、资源计

划软件、电子商务等关键技术领域与发达国家差距仍然较大。企业所需的工业软件，90%以上依赖进口，核心技术对外依存度高。从统计情况看，国产软件主要集中于经营管理、物流仓储及与生产工艺结合比较紧密的领域，而大规模的、通用性强的企业资源计划（ERP）、制造企业生产过程管理系统（MES）、产品生命周期管理（PLM）、三维设计、虚拟仿真、控制系统、操作系统、数据库等软件仍以国外为主。

4．新模式、新业态不断形成，但推广力度仍需不断加大

通过不断推进智能制造，初步形成了一批典型的智能制造新模式。在航空航天、轨道交通等领域形成了网络协同制造模式。例如，西飞构建飞机协同开发与云制造平台，实现了 10 余家参研单位和 60 多家供应商的协同开发、制造服务和资源动态分析与弹性配置。在纺织、服装、家居、家电等消费品领域形成了大规模个性化定制模式。如南山纺织实现对产业链研发、工艺、数据等优化整合，根据客户要求快速组合新的花型，实现了高端家纺个性化定制。在核电、风电、工程机械等领域形成了智能化远程运维服务模式。如中广核基于成熟的核电装备智能远程运维技术，满足最高等级的核安全要求；金风科技对超过 15000 多台机组进行实时监控，故障预警准确率达到 90%。据不完全统计，有 20 家试点示范企业基于自身智能工厂建设经验，实现了对 100 多家相关企业的复制推广。如四川雅化集团乳化炸药智能制造数字化车间推广应用到了四川凯达化工、内蒙古柯达化工等多家企业。

但是，实施智能制造需要对设备、系统、管理等方面进行全面改进，部分企业对智能制造准确含义及系统框架缺少认识和把握，在实施智能制造过程中，盲目引进设备和技术，缺乏整体规划。尤其是中小企业受技术、人才、资金等制约，普遍信息化、自动化基础薄弱，可借鉴的低成本智能化改造方案严重缺失，融资难度远高于大型企业，管理、技术稀缺，智能制造参与程度很低，需加大推广力度。

5．系统集成服务能力加速构建，仍缺乏整体解决方案和系列产品

通过持续实践，一批了解行业需求、具有智能制造系统解决方案服务能力、行业推广经验丰富的智能制造系统供应商成为产业转型升级的重要推动者，目前已培育出 20 家主营业务收入超过 10 亿元的系统解决方案供应

商。新松机器人、上海宝信、石化盈科等企业基于多年工程实践，在汽车、钢铁、石化等行业智能制造解决方案提供方面形成了核心优势。酷特智能、东莞劲胜、徐工集团等智能制造试点示范企业在总结自身经验的基础上，加快向专业化的智能制造系统解决方案供应商转型，培育壮大了一批知名企业。如近两年来，新松机器人已在一汽、华晨、海信、创维、临工等数十个行业龙头企业实施了基于自主工业机器人的生产线，覆盖汽车、家电、工程机械等十多个行业；石化盈科智能制造解决方案已成功应用于中国石化、中煤集团、神华集团等 60 余家企业；酷特智能承担了服装、机械、电子等30多个行业的 70 多项智能化改造项目。另外，随着近年来物联网、云计算、大数据与制造业融合创新的广泛开展，我国企业对于工业互联网的应用需求呈现出由水平化到垂直化、由分散化到集成化、由复杂化到便捷化的转变趋势。我国制造强国战略与"互联网+"行动计划均把工业互联网作为实现智能制造的关键支撑，支持建设了多个工业互联网相关平台和重点实验室，培育了包括航天云网、树根互联等在内的 20 余家商业化工业互联网服务平台。航天云网注册企业超过 200 万家，树根互联成功为包括德国普茨迈斯特等海外公司在内的 45 余万台机械设备提供了全生命周期精细化管理。

但是，受产业发展阶段、基础技术实力、商业运作模式等多方面的限制，系统解决方案供给能力不足，自主化智能制造系统解决方案尚不能满足量大面广的企业智能化升级需求。工业互联网基础薄弱，缺少高带宽、高可靠、广覆盖、低成本的网络基础设施。公共服务能力不足，为企业开展智能制造探索提供咨询检测、资源共享、融资租赁等专业化服务的平台和机构较少。

二、企业需求

综上，我国制造业现状是"2.0 补课，3.0 普及，4.0 示范"。

（1）2.0 实现"电气化、机械化"：使用电气化和机械化制造装备，但各生产环节和制造装备都是"信息孤岛"，生产管理系统与自动化系统信息不贯通，甚至企业尚未使用 ERP 或 MES 系统进行生产信息化管理，我国许多中小企业都处于此阶段。

（2）3.0 实现"自动化、网络化"：使用网络化的生产制造装备，制造装备具有一定智能功能（如标识与维护、诊断与报警等），采用 ERP 和 MES 系统进行生产信息化管理，初步实现了企业内部的横向集成与纵向集成。

（3）4.0 实现"数字化、智能化"：适应多品种、小批量生产需求，实现个性化定制和柔性化生产，使用高档数控机床、工业机器人、智能测控装置、3D 打印机、智能仓库和智能物流等智能装备，借助各种计算机辅助工具实现虚拟生产，利用互联网、云计算、大数据实现价值链企业协同生产、产品远程维护智能服务等。

我国实现智能制造，必须 2.0、3.0、4.0 并行发展，既要在改造传统制造方面"补课"，又要在绿色制造、智能升级方面"加课"。

因此，对于我国大多数制造企业而言，当前的急迫任务是实现传统生产装备网络化和智能化的升级改造、生产制造工艺数字化和生产过程信息化的升级改造。

但是，不同行业的不同企业，其产品、生产特点、需求等各个方面差异巨大。因此，智能制造需要因"企"制宜，从自身需求出发，以提升企业竞争力（提升质量、效率，降低成本等）为目的，根据企业的业务流程和特点，结合智能领域内的先进设备、软件、系统集成等供应商的意见和建议，制订最符合企业客观需求的方案。同时，不断培育主要行业的数字化"母工厂"，逐步形成行业的智能制造整体解决方案，以"用户案例"的形式在行业中复制推广。

第二章

智能制造通用模式与实施步骤

　　模式是某种实物的标准形式或可以作为典范的标准样式。制造模式（Manufacturing Mode）是指企业体制、经营、管理、生产组织和技术系统的形态与运作的标准样式，是制造业为了提高产品质量、市场竞争力、生产规模和生产速度，以完成特定的生产任务而采取的一种有效的生产方式和一定的生产组织形式，是制造过程运行规律和企业体制、经营、治理、生产组织及技术系统的形态、运作方式等特性的集中体现。智能制造模式就是采用智能制造装备、系统或技术的企业进行生产的组织形式，是企业在智能制造过程中，依据不同环境因素应用智能制造技术以及先进智能制造组织方式进行生产、制造和管理的方法或样板。

　　制造模式经历了从传统的手工业作坊到大规模机器生产，再到个性化小批量生产的变迁。20 世纪 80 年代后期以来，信息技术的进步特别是互联网的出现对制造模式的演变起到了巨大的推动作用，以计算机为核心的信息技术成为制造业先进制造模式不可分割的组成部分，逐步产生了不同模式的制造战略和研发计划。总体上看，现代先进制造模式分为以下三类。

　　一是偏重于设计生产的制造模式，包括与产品设计、制造（包括工艺）、检测等制造过程相关的各种制造模式，如并行工程、CAD/CAPP/CAM/CAE、虚拟制造、可靠性设计、智能优化设计、绿色设计、快速原形技术、数控技术、物料储运控制、检测监控、质量控制等。

　　二是偏重于管理的制造模式，包括与制造企业的生产经营和组织管理相关的各种制造模式，如物料需求计划、制造资源计划、企业资源规划、全面质量管理、准时生产制、精益生产、约束理论、企业业务流程重组、

客户关系管理、供应链管理、计算机辅助生产管理、动态联盟企业管理等。

三是偏重于系统总体的制造模式，包括与制造系统集成相关的制造模式，如计算机集成制造、敏捷制造、绿色制造、柔性制造等。

随着科技的发展，环境的变化，尤其是信息技术在制造领域融合应用的不断加深，各种先进制造模式正在逐步趋向同一性，对照智能制造的内涵，以上先进制造模式越来越多地体现了智能制造的特征。未来，在新一代信息技术和人工智能技术的推动下，通过技术、单元、系统、组织和生产方式等的创新，推进产业体系出现重大变化，还将不断催生新的模式和新的产业形态。智能制造的不断推进和广泛应用将促进制造业产业模式实现从以产品为中心向以用户为中心的根本性转变，完成深刻的供给侧结构性改革。

第一节　基本模式

研究智能制造模式的目的在于为企业提供可借鉴、可复制的模板，结合这些模板企业的不同情况，形成切合实际、便于落地的解决方案。

企业的生产方式，主要可以分为按订单生产、按库存生产或上述两者的组合。从生产类型上考虑，则可以分为批量生产和单件小批生产。从产品类型和生产工艺组织方式上考虑，企业的行业类型可分为流程生产行业和离散制造行业。流程生产行业主要通过对原材料进行混合、分离、粉碎、加热等物理或化学方法，使原材料增值，通常以批量或连续的方式进行生产。典型的流程生产行业有医药、石油化工、电力、钢铁制造、能源、水泥等领域。离散制造行业主要通过对原材料物理形状的改变、组装，成为产品使其增值。典型的离散制造行业主要包括机械制造、电子电器、航空制造、汽车制造等行业。这些企业，既有按订单生产，又有按库存生产；既有批量生产，又有单件小批生产。从以上分析可以看出，无论是流程型还是离散型，其主要区别在于生产资料是否产生了性质的改变，还有工艺过程是发生了物理变化还是发生了化学变化，而从企业管理和信息化角度来看，都需构建信息系统对研发、生产、销售、服务等环节进行管理，二者是没有本质区别的。因此，企业推进智能制造首先可以从生产环节的智能化升级和改造开始，尔后从设备—车间—工厂—企业—上下游产业链逐渐展开，这与企业实施智能制造的原生诉求也是一致的。

根据第一章第二节所述的智能制造系统架构，提出智能制造通用模式，如图 2-1 所示。

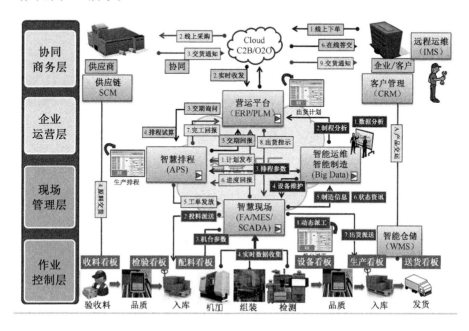

图 2-1　智能制造通用模式

一、关键要素

对应智能制造基本模型的四个层级，通用模式分为作业控制层、现场管理层、企业运营层、协同商务层四层，每一层都包含若干必须考虑的关键要素。

（一）作业控制层

1. CPS 系统

信息物理系统（Cyber-Physical Systems，CPS）是一个综合计算、网络和物理环境的多维复杂系统，通过 3C（Computer、Communication、Control）技术的有机融合与深度协作，实现大型工程系统的实时感知、动态控制和信息服务。CPS 实现计算、通信与物理系统的一体化设计，可使系统更加可靠、高效、实时协同，具有重要而广泛的应用前景。

（1）定义

信息物理系统作为计算进程和物理进程的统一体，是集成计算、通信与控制于一体的下一代智能系统。信息物理系统通过人机交互接口实现和物理进程的交互，使用网络化空间以远程的、可靠的、实时的、安全的、协作的方式操控一个物理实体。

信息物理系统包含了将来无处不在的环境感知、嵌入式计算、网络通信和网络控制等系统工程，使物理系统具有计算、通信、精确控制、远程协作和自治功能。它注重计算资源与物理资源的紧密结合与协调，主要用在一些智能系统上，如设备互联、物联传感、智能家居、机器人、智能导航等。

CPS 是在环境感知的基础上，深度融合计算、通信和控制能力的可控可信可扩展的网络化物理设备系统，它通过计算进程和物理进程相互影响的反馈循环实现深度融合和实时交互来增加或扩展新的功能，以安全、可靠、高效和实时的方式检测或者控制一个物理实体。

（2）特征

海量运算是 CPS 接入设备的普遍特征，因此，接入设备通常具有强大的计算能力。从计算性能的角度出发，如果把一些高端的 CPS 应用比作胖客户机/服务器架构的话，那么物联网则可视为瘦客户机服务器，因为物联网中的物品不具备控制和自治能力，通信也大都发生在物品与服务器之间，因此物品之间无法进行协同。从这个角度来说物联网可以视为 CPS 的一种简约应用，或者说，CPS 使物联网的定义和概念明晰起来。物联网中主要通过 RFID 与读写器通信，人并没有介入其中。感知在 CPS 中十分重要。众所周知，自然界中各种物理量的变化绝大多数是连续的，或者说是模拟的，而信息空间数据则具有离散性。那么从物理空间到信息空间的信息流动，首先必须通过各种类型的传感器将各种物理量转变成模拟量，再通过模拟/数字转换器变成数字量，从而为信息空间所接受。从这个意义上说，传感器网络也可视为 CPS 的一部分。

从产业角度看，CPS 涵盖了小到智能家庭网络，大到工业控制系统，乃至智能交通系统等国家级甚至世界级的应用。更为重要的是，这种涵盖并不仅仅是比如说将现有的家电简单地连在一起，而是要催生出众多具有计算、通信、控制、协同和自治性能的设备。

（3）意义

CPS 的意义在于将物理设备联网，是连接到互联网上，让物理设备具有计算、通信、精确控制、远程协调和自治五大功能。CPS本质上是一个具有控制属性的网络，但它又有别于现有的控制系统。CPS把通信放在与计算和控制同等的地位上，因为 CPS 强调的分布式应用系统中物理设备之间的协调是离不开通信的。CPS对网络内部设备的远程协调能力、自治能力、控制对象的种类和数量，特别是网络规模上远远超过现有的工控网络。美国国家科学基金会（NSF）认为，CPS 将让整个世界互联起来。如同互联网改变了人与人的互动一样，CPS 将会改变我们与物理世界的互动。

2. 自动控制系统

计算机和网络技术的飞速发展，引起了自动化控制系统结构的变革，目前，在工业过程控制中有三大控制系统，即PLC、DCS和FCS，它们各自的基本特点如下。

（1）PLC

PLC（Programmable Logic Controller，可编程逻辑控制器）控制系统，是专为工业生产设计的一种数字运算操作的电子装置，它采用一类可编程的存储器，用于其内部存储程序，执行逻辑运算、顺序控制、定时、计数与算术操作等面向用户的指令，并通过数字或模拟方式输入/输出控制各种类型的机械或生产过程，是工业控制的核心部分。

自20世纪60年代美国推出可编程逻辑控制器取代传统继电器控制装置以来，PLC得到了快速发展，在世界各地得到了广泛应用。同时，PLC的功能也不断完善。随着计算机技术、信号处理技术、控制技术、网络技术的不断发展和用户需求的不断提高，PLC 在开关量处理的基础上增加了模拟量处理和运动控制等功能。现在的 PLC 不再局限于逻辑控制，在运动控制、过程控制等领域也发挥着十分重要的作用。

目前，PLC 控制器在国内外已广泛应用于钢铁、石油、化工、电力、建材、机械制造、汽车、轻纺、交通运输、环保及文化娱乐等各个行业，使用情况大致可归纳为如下几类。

- 开关量的逻辑控制。这是 PLC 控制器最基本、最广泛的应用领域，它取代传统的继电器电路，实现逻辑控制、顺序控制，既可用于单台设备的控制，又可用于多机群控及自动化流水线。如注塑机、印刷机、订书机械、组合机床、磨床、包装生产线、电镀流水线等。

- 模拟量控制。在工业生产过程当中，有许多连续变化的量，如温度、压力、流量、液位和速度等都是模拟量。为了使可编程控制器处理模拟量，必须实现模拟量（Analog）和数字量（Digital）之间的 A/D 转换及 D/A 转换。PLC 厂家都生产配套的 A/D 和 D/A 转换模块，使可编程控制器用于模拟量控制。

- 运动控制。PLC 控制器可以用于圆周运动或直线运动的控制。从控制机构配置来说，早期直接用于开关量 I/O 模块连接位置传感器和执行机构，现在一般使用专用的运动控制模块。如可驱动步进电机或伺服电机的单轴或多轴位置控制模块。世界上各主要 PLC 控制器生产厂家的产品几乎都有运动控制功能，广泛应用于各种机械、机床、机器人、电梯等场合。

- 过程控制。过程控制是指对温度、压力、流量等模拟量的闭环控制。作为工业控制计算机，PLC 控制器能编制各种各样的控制算法程序，完成闭环控制。PID 调节是一般闭环控制系统中用得较多的调节方法。大中型 PLC 都有 PID 模块，目前许多小型 PLC 控制器也具有此功能模块，PID 处理一般是运行专用的 PID 子程序。过程控制在冶金、化工、热处理、锅炉控制等场合有非常广泛的应用。

- 数据处理。现代 PLC 控制器具有数学运算（含矩阵运算、函数运算、逻辑运算）、数据传送、数据转换、排序、查表、位操作等功能，可以完成数据的采集、分析及处理。这些数据可以与存储在存储器中的参考值比较，完成一定的控制操作，也可以利用通信功能传送到别的智能装置，或将它们打印制表。数据处理一般用于大型控制系统，如无人控制的柔性制造系统；也可用于过程控制系统，如造纸、冶金、食品工业中的一些大型控制系统。

- 通信及联网。PLC 控制器通信含 PLC 控制器间的通信及 PLC 控制器与其他智能设备间的通信。随着计算机控制的发展，工厂自动化网络发展得很快，各 PLC 控制器厂商都十分重视 PLC 控制器的通信功能，纷纷推出各自的网络系统。新近生产的 PLC 控制器都具有通信接口，通信非常方便。

（2）FCS

FCS 是第五代过程控制系统，它是 21 世纪自动化控制系统的方向。是 3C 技术（Communication，Computer，Control）的融合。基本任务是应用于本质（本征）安全、危险区域、易变过程、难于对付的非常环境。

FCS 是全数字化、智能、多功能取代模拟式单功能仪器、仪表、控制装置。把微机处理器转入现场自控设备，通过控制室到现场设备的双向数字通信总线，用互联、双向、串行多节点、开放的数字通信系统取代单向、单点、并行、封闭的模拟系统，用分散的虚拟控制站取代集中的控制站，使设备具有数字计算和数字通信能力，信号传输精度高，能远程传输，实现信号传输全数字化、控制功能分散、标准统一全开放。

FCS 的典型应用包括：

- 连续的工艺过程自动控制，如石油化工；
- 分立的工艺动作自动控制，如汽车制造、机器人；
- 多点控制，如楼宇自动化。

（3）DCS

DCS 是分布式控制系统英文（Distributed Control System）的缩写，DCS 相对于集中式控制系统而言是一种新型计算机控制系统。它是一个由过程控制级和过程监控级组成的以通信网络为纽带的多级计算机系统，综合了计算机，通信、显示和控制等 4C 技术，其基本思想是分散控制、集中操作、分级管理、配置灵活以及组态方便。

DCS 的特点是：

① 控制功能强。可实现复杂的控制规律，如串级、前馈、解耦、自适应、最优和非线性控制等，也可实现顺序控制。

② 系统可靠性高。

③ 采用 CRT 操作站有良好的人机界面。

④ 软硬件采用模块化积木式结构。

⑤ 系统容易开发。

⑥ 用组态软件，编程简单，操作方便。

⑦ 有良好的性价比。

（4）三者的区别与联系

PLC 于 20 世纪 60 年代末期在美国首先出现，目的是用来取代继电器，执行逻辑、计时、计数等顺序控制功能，建立柔性程序控制系统。1976 年正式命名，并给予定义：Programmable Logic Controller，是一种数字控制专用电子计算机，它使用了可编程存储器储存指令，执行诸如逻辑、顺序、计时、计数与演算等功能，并通过模拟和数字输入、输出等组件，控制各种机械或工作程序。经过 30 多年的发展，PLC 已十分成熟与完善，并具有强大的运算、处理和数据传输功能，PLC 对顺序控制有其独特的优势。

现场总线的应用是工业过程控制发展的主流之一。可以说，FCS 的发展应用是自动化领域的一场革命。采用现场总线技术构造低成本现场总线控制系统，促进现场仪表的智能化、控制功能分散化、控制系统开放化，符合工业控制系统技术发展趋势。总之，计算机控制系统的发展在经历了基地式气动仪表控制系统、电动单元组合式模拟仪表控制系统、集中式数字控制系统以及分布式控制系统（DCS）后，将朝着现场总线控制系统（FCS）的方向发展。虽然以现场总线为基础的 FCS 发展很快，但 FCS 发展还有很多工作要做，如统一标准、仪表智能化等。另外，传统控制系统的维护和改造还需要 DCS，因此 FCS 完全取代传统的 DCS 还需要一个漫长的过程，同时 DCS 本身也在不断发展与完善。可以肯定的是，结合 DCS、工业以太网、先进控制等新技术的 FCS 将具有强大的生命力。工业以太网以及现场总线技术作为一种灵活、方便、可靠的数据传输方式，在工业现场得到了越来越多的应用，并将在控制领域中占有更加重要的地位。

（二）现场管理层

1. FA 系统

FA 是 Factory Automation 的缩写，指自动完成产品制造的全部或部分加工过程的技术，它包括设计制造加工等过程的自动化，企业内部管理、市场信息处理以及企业间信息联系等信息流的全面自动化。常规组成方式是将各种加工自动化设备和柔性生产线（FML）连接起来，配合计算机辅助设计（CAD）和计算机辅助制造（CAM）系统，在中央计算机统一管理下协调工作，使整个工厂生产实现综合自动化。

工厂自动化有以下几个特点。

（1）控制方式由集中式转变为智能分布式

集中式控制方式不仅难于处理远距离控制问题，而且布线复杂、能耗大，更重要的是，其中央控制单元一旦出现问题，就会全局瘫痪。这种控制方式已逐渐被淘汰。分布式控制思想完全克服了前述弱点。尤其是这种控制方式将可能出现的问题限制在局部范围，即某一子站若出现问题不影响其他子站的正常工作。由此整个系统的可靠性便得到了很大提高。另外，这种控制方式实际上形成了一种模块式的网络拓扑结构，系统的扩展和缩减便可以像搭积木那样操作。当然，系统的模块化还要求软件也具备模块化的特点，即增加硬件时，在不改动原有软件的基础上，在应用软件平面上添加相应的软件模块。

（2）集管理与现场控制于一体

工厂自动化网络一般可分为三个层次，即管理层、控制层和现场层。其中控制层和现场层主要负责控制或监控决策的组织与实施，这两层物理上主要通过现场总线（如 CAN、PROFIBUS 等）的手段来实现。管理层是整个网络的最高层次，整个系统的图文显示、管理决策制定与实施、各子系统间或与外系统的信息互换与交流以及数据库管理等智能都属于这个网络层次的范畴。同时这一层又是广域网的节点，这种集管理与现场控制于一体的自动化网络可以体现如下优势：

- 工厂决策层和现场设备间的透明性通过对现场设备的图文显示，工厂的决策层可很容易地获得现场信息，同时结合管理层的有关市场营销、仓储以及财务等方面的信息及时做出决策，以便由有关部门通过计算机网络下达到现场层。
- 分散网络化生产系统采用敏捷制造原理，通过工厂自动化网络管理层所提供的广域网接口，可以很方便地将距离甚远的集团成员组织在一起，从而实现异地决策、异地设计和异地生产的操作。这样就可以通过信息集成对企业实现高效益的管理。

（3）开放性和智能性

国际上标准的现场总线如 CAN、PROFIBUS 等的使用可使整个系统具

有很好的兼容性。智能分布式网络系统原则上可以通过任一子站实现对整个系统的监控和维护。比如对远方某一子站的软件进行维护，工程师无须亲自到该站去，只要在就近的子站处理或在家中通过网络进行工作就可以了。另外，系统的开放性还体现在用户对系统的参与。数据库可以很方便地以某种方式将用户自己的应用软件连接到系统中，从而使系统充分体现用户的个性。

所谓系统的智能性，实际上就是系统具有根据获取的信息进行分析运算和判断的能力，主要表现为如下几点：一是管理层通过提供对广域网的结点使系统自身或对外界的交流具有了硬件基础。分布式的系统拓扑结构实际上将智能也进行了空间上的分布，使得系统中的每个子站既能独立地工作，又能实现与系统其他部分的交流协作。与集中式自动化系统相比，智能分布式的系统就像一个神经网络一样，将智能分配到了神经系统中的每个节点或单元。二是数据库和专家系统的使用使管理层具有越来越强的人工智能性。三是整个系统具有自诊断、自维护、错误记录及报警保护等功能。

2．MES 系统

MES 系统是一套面向制造企业车间执行层的生产信息化管理系统。MES 可以为企业提供包括制造数据管理、计划排程管理、生产调度管理、库存管理、质量管理、人力资源管理、工作中心/设备管理、工具工装管理、采购管理、成本管理、项目看板管理、生产过程控制、底层数据集成分析、上层数据集成分解等管理模块，为企业打造一个扎实、可靠、全面、可行的制造协同管理平台（见图 2-2）。

MES 主要负责车间生产管理和调度执行，其任务是对整个车间制造过程的优化，而不是单一解决某个生产瓶颈。一个设计良好的 MES 系统可以在统一平台上集成诸如生产调度、产品跟踪、质量控制、设备故障分析、网络报表等管理功能，使用统一的数据库和连续信息流来实现企业信息全集成，实时收集生产过程中的数据并做出相应的分析和处理，同时为生产部门、质检部门、工艺部门、物流部门等提供车间管理信息服务。

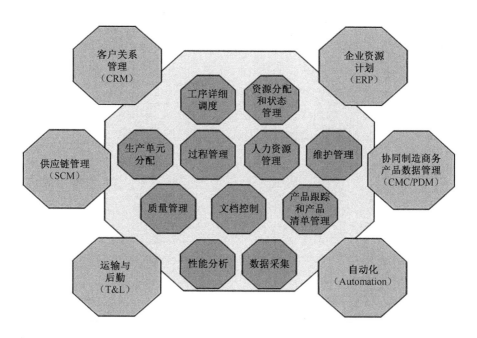

图 2-2　相关系统的关系

（1）特点

- 采用强大数据采集引擎、整合数据采集渠道（RFID、条码设备、PLC、Sensor、IPC、PC 等）覆盖整个工厂制造现场，保证海量现场数据的实时、准确、全面的采集；

- 打造工厂生产管理系统数据采集基础平台，具备良好的扩展性；

- 采用先进的 RFID、条码与移动计算技术，打造从原材料供应、生产、销售物流闭环的条码系统；

- 全面完整的产品追踪追溯功能；

- 生产 WIP 状况监视；

- Just-In-Time 库存管理与看板管理；

- 实时、全面、准确的性能与品质分析 SPC；

- 支持 Oracle/SQL Server 等主流数据库，系统是 C/S 结构和 B/S 结构结合，安装简便，升级容易；

- 个性化的工厂信息门户（Portal），通过 Web 浏览器，随时随地都能掌握生产现场的实时信息。

（2）目标

- 不下车间能掌控生产现场状况；
- 工艺参数监测、实录、受控；
- 制程品质管理，问题追溯分析；
- 物料损耗、配给跟踪、库存管理；
- 生产排程管理，合理安排工单；
- 客户订单跟踪管理，如期出货；
- 生产异常，及时报警提示；
- 设备维护管理，自动提示保养；
- OEE 指标分析，提升设备效率；
- 自动数据采集，实时准确客观；
- 报表自动及时生成，无纸化；
- 员工生产跟踪，考核依据客观；
- 成本快速核算，订单报价决策；
- 细化成本管理，预算执行分析。

3．SCADA 系统

SCADA（Supervisory Control And Data Acquisition）系统，即数据采集与监视控制系统。SCADA 系统是以计算机为基础的 DCS 与电力自动化监控系统；它应用领域很广，可以应用于电力、冶金、石油、化工、燃气、铁路等领域的数据采集与监视控制以及过程控制等诸多领域，其逻辑结构如图 2-3 所示。

一般来说，一个 SCADA 系统由下面几个关键部分组成。

（1）监管系统

包括 SCADA 相关服务器、操作员站、工程师站等，用来采集数据并且控制生产流程；这是 SCADA 系统的核心，收集过程数据并向现场连接的设备发送控制命令。它是指负责与现场连接控制器通信的计算机和软件，这些现场连接控制器是 RTU 和 PLC，包括运行在操作员工作站上的 HMI 软件。在较小的 SCADA 系统中，监控计算机可能由一台 PC 组成，在这种情况下，HMI 是这台计算机的一部分。在大型 SCADA 系统中，主站可能包含多台托管在客户端计算机上的 HMI，多台服务器用于数据采集，分布式软件应用程序以及灾难恢复站点。为了提高系统的完整性，多台服务器通常配置成双冗余或热备用形式，以便在服务器出现故障的情况下提供持续的控制和监视。

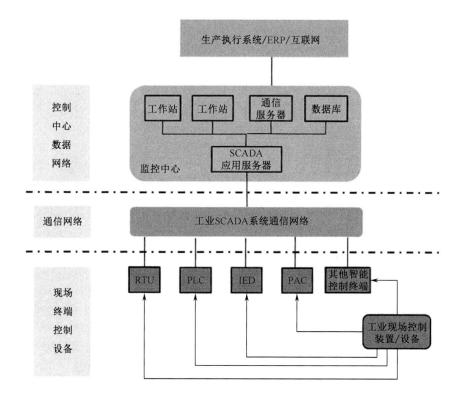

图 2-3 SCADA 系统逻辑结构

（2）远程终端单元

远程终端单元也称 RTU，是由微处理器控制的电子设备，用于在传感器与 SCADA 系统之间传输数据，连接到过程中的传感器和执行器，并与监控计算机系统联网。RTU 是"智能 I/O"，并且通常具有嵌入式控制功能（例如梯形逻辑），以实现布尔逻辑操作。

（3）可编程逻辑控制器（PLC）

作为现场设备的最终控制器，链接监管系统和远程终端单元的通信系统以及各种流程和分析仪表。PLC 连接到过程中的传感器和执行器，并以

与 RTU 相同的方式连网到监控系统。与 RTU 相比，PLC 具有更复杂的嵌入式控制功能，并且采用一种或多种编程语言进行编程。PLC 功能多、灵活和可配置，经常作为现场设备用来代替 RTU。

（4）通信基础设施

将监控计算机系统连接到远程终端单元（RTU）和 PLC，并且可以使用行业标准或制造商专有协议。RTU 和 PLC 都使用监控系统提供的最后一个命令，在过程的近实时控制下自主运行。通信网络的故障并不一定会停止工厂的过程控制，而且在恢复通信时，操作员可以继续进行监视和控制。一些关键系统将具有双冗余数据高速公路，通常通过不同的路线进行连接。

（5）人机界面（HMI）

人机界面是监控系统的操作员窗口。可通过模拟图的形式向操作人员提供工厂信息，模拟图是控制工厂的示意图，以及报警和事件记录页面。HMI 连接到 SCADA 监控计算机，提供实时数据以驱动模拟图、警报显示和趋势图。在许多实际应用中，HMI 是操作员的图形用户界面，收集来自外部设备的所有数据，以创建报告、执行报警、发送通知等。

4．仓库管理系统

仓库管理系统（Warehouse Management System，WMS）是通过入库业务、出库业务、仓库调拨、库存调拨、虚仓管理和即时库存管理等功能，有效控制并跟踪仓库业务的物流和成本管理全过程，实现或完善企业仓储管理的信息管理系统。该系统可以独立执行库存操作，也可与其他系统的单据和凭证等结合使用，可为企业提供更为完整的企业物流管理流程和财务管理信息。

企业仓库管理系统是一款标准化、智能化过程导向管理的仓库管理软件，它结合了众多知名企业的实际情况和管理经验，能够准确、高效地跟踪管理客户订单、采购订单及进行仓库的综合管理，彻底转变仓库管理模式。从传统的"结果导向"转变成"过程导向"；从"数据录入"转变成"数据采集"，同时兼容原有的"数据输入"方式；从"人工找货"转变成了"导向定位取货"；同时引入了"监控平台"，让管理更加高效、快捷。条码管理实质是过程管理，过程精细可控，结果正确无误，给用户带来巨大效益。

（1）功能特点

WMS 可通过后台服务程序实现同一客户不同订单的合并与订单分配，并对基于亮灯拣选（Pick To Light，PTL）、RFID、纸箱标签方式的上架、拣选、补货、盘点、移库等操作进行统一调度和下达指令，实时接收来自 PTL、RF 和终端 PC 的反馈数据。整个软件业务与企业仓库物流管理各环节吻合，有效实现对库存商品管理的实时控制。WMS 一般具有以下几个功能模块管理订单及库存控制：基本信息管理、货物流管理、信息报表、收货管理、上架管理、拣选管理、库存管理、盘点管理、移库管理、打印管理和后台服务系统等，部分主要的模块功能如下。

① 基本信息管理：系统不仅支持对包括品名、规格、生产厂家、产品批号、生产日期、有效期和箱包装等商品基本信息进行设置，而且货位管理功能对所有货位进行编码并存储在系统的数据库中，使系统能有效追踪商品所处位置，也便于操作人员根据货位号迅速定位到目标货位在仓库中的物理位置。

② 上架管理：系统在自动计算最佳上架货位的基础上，支持人工干预，提供已存放同品种的货位、剩余空间，并根据避免存储空间浪费的原则给出建议的上架货位，按优先度排序，操作人员可以直接确认或人工调整。

③ 拣选管理：拣选指令中包含位置信息和最优路径，根据货位布局和确定拣选指导顺序，系统自动在 RF 终端的界面等相关设备中根据任务所涉及的货位给出指导性路径，避免无效穿梭和商品找寻，提高了单位时间内的拣选量。

④ 库存管理：系统支持自动补货，通过自动补货算法，不仅能确保拣选面存货量，也能提高仓储空间利用率，降低货位蜂窝化现象出现的概率。系统能够通过深度信息对货位进行逻辑细分和动态设置，在不影响自动补货算法的同时，有效提高空间利用率和控制精度。

（2）基本架构

企业的物流发生在企业所处的整条供应链之内。仓库管理系统（Wanehouse Management System，WMS）WMS 是企业处理物流业务的体系结构的一个先进子系统。它具有充分的可扩展性，能够与现有系统接口集

成，和企业内其他系统协同运作。企业执行整条供应链的系统架构如图 2-4 所示，各个子系统共同协作，帮助企业供应链高效运作。

了解 WMS 在企业整个供应链中所扮演的角色，能够更好地设计架构仓储管理系统。WMS 架构主要体现在物理架构和软件系统架构上。一般来说，WMS 采用 B/S 结构，能够通过因特网方便地实现分布联机处理，同时结合企业 SCM 模块，可以和贸易伙伴、贸易联盟轻松交流合作，创造更多的商机。

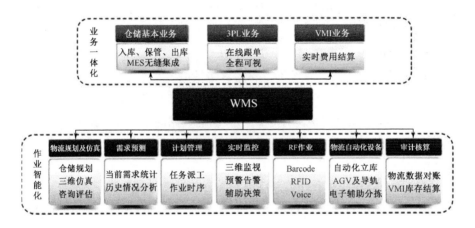

图 2-4　整条供应链的系统架构

（三）企业运营层

1. ERP 系统

企业资源计划即 ERP（Enterprise Resource Planning），是 MRPII（企业制造资源计划）下一代的制造业系统和资源计划软件。除 MRPII 已有的生产资源计划、制造、财务、销售、采购等功能外，还有质量管理、实验室管理、业务流程管理、产品数据管理、存货、分销与运输管理、人力资源管理和定期报告等系统功能。目前，在我国 ERP 所代表的含义已经被扩大，用于企业的各类软件，已经统统被纳入 ERP 的范畴。它跳出了传统企业边界，从供应链范围去优化企业的资源，是基于网络经济时代的新一代信息系统。它主要用于改善企业业务流程，以提高企业核心竞争力。

ERP 是由美国计算机技术咨询和评估集团 GartnerGroup 于 1990 年提出的一种供应链的管理思想。企业资源计划是指建立在信息技术基础上的系统化的管理思想，是为企业决策层及员工提供决策运行手段的管理平台。ERP 系统支持离散型、流程型等混合制造环境，应用范围从制造业扩展到零售业、服务业、银行业、电信业、政府机关和学校等事业部门，通过融合数据库技术、图形用户界面、第四代查询语言、客户服务器结构、计算机辅助开发工具、可移植的开放系统等对企业资源进行有效的集成。

　　ERP 是一种主要面向制造行业进行物质资源、资金资源和信息资源集成一体化管理的企业信息管理系统。它融合了离散型生产和流程型生产的特点，面向全球市场，包罗了供应链上所有的主导和支持能力，协调企业各管理部门围绕市场导向，更加灵活或"柔性"地开展业务活动，实时地响应市场需求。为此，重新定义供应商、分销商和制造商相互之间的业务关系，重新构建企业的业务和信息流程及组织结构，使企业在市场竞争中有更大的能动性。

　　ERP 的提出与计算机技术的高度发展是分不开的，用户对系统有更大的主动性，作为计算机辅助管理所涉及的功能已远远超过了 MRPII 的范围。ERP 将重新定义各项业务及其相互关系，在管理和组织上采取更加灵活的方式，对供应链上供需关系的变动（包括法规、标准和技术发展造成的变动），同步、敏捷、实时地作出响应；在掌握准确、及时、完整信息的基础上，作出正确决策，能动地采取措施。与 MRPII 相比，ERP 除扩大了管理功能外，同时采用了计算机技术的最新成就，如扩大用户自定义范围、面向对象技术、客户机/服务器体系结构、多种数据库平台、SQL 结构化查询语言、图形用户界面、CASE、窗口技术、人工智能、仿真技术等。

　　（1）功能模块

　　ERP 系统包括以下主要功能：供应链管理、销售与市场、分销、客户服务、财务管理、制造管理、库存管理、工厂与设备维护、人力资源、报表、制造执行系统（Manufacturing Executive System，MES）、工作流服务和企业信息系统等。此外，还包括金融投资管理、质量管理、运输管理、项目管理、法规与标准和过程控制等补充功能（见图 2-5）。

　　ERP 是将企业所有资源进行整合集成管理，简单地说，是将企业的三大流（物流、资金流、信息流）进行全面一体化管理的管理信息系统，它不仅可用于生产企业的管理，而且许多其他类型的企业如一些非生产（公益事业）性企业也可导入 ERP 系统进行资源计划和管理。

在企业中，一般的管理主要包括三方面的内容：生产控制（计划、制造）、物流管理（分销、采购、库存管理）和财务管理（会计核算、财务管理）。这三大系统本身就是集成体，它们互相之间有相应的接口，能够很好地整合在一起来对企业进行管理。另外，要特别提出的是，随着企业对人力资源管理重视的加强，已经有越来越多的 ERP 厂商将人为资源管理纳入 ERP 系统。

图 2-5　ERP 系统功能模块

（2）主要特点

ERP 把客户需求和企业内部的制造活动以及供应商的制造资源整合在一起，形成企业一个完整的供应链，其核心管理思想主要体现在以下三个方面：① 体现对整个供应链资源进行管理的思想；② 体现精益生产、敏捷制造和同步工程的思想；③ 体现事先计划与事前控制的思想。

ERP 应用成功的标志是：① 系统运行集成化，软件的运作跨越多个部门；② 业务流程合理化，各级业务部门根据完全优化后的流程重新构建；③ 绩效监控动态化，绩效系统能即时反馈，以便纠正管理中存在的问题；④ 管理改善持续化，企业建立一个可以不断自我评价和不断改善管理的机制。

ERP 具有整合性、系统性、灵活性、实时控制性等显著特点。ERP 系统的供应链管理思想对企业提出了更高的要求，是企业在信息化社会、在知识经济时代繁荣发展的核心管理模式。

2. PLM 系统

产品生命周期管理（Product Lifecycle Management，PLM）是一种应用于在单一地点的企业内部、分散在多个地点的企业内部，以及在产品研发领域具有协作关系的企业之间的，支持产品全生命周期的信息的创建、管理、分发和应用的一系列应用解决方案，它能够集成与产品相关的人力资源、流程、应用系统和信息。

PLM 包含以下方面的内容：

- 基础技术和标准（例如 XML、可视化、协同和企业应用集成）。
- 信息创建和分析的工具（如机械 CAD、电气 CAD、CAM、CAE、计算机辅助软件工程 CASE、信息发布工具等）。
- 核心功能（例如数据仓库、文档和内容管理、工作流和任务管理等）。
- 应用功能（如配置管理、配方管理等）。
- 面向业务/行业的解决方案和咨询服务（如汽车和高科技行业）。

PLM 主要包含三部分，即 CAX 软件(产品创新的工具类软件)、PDM 软件（产品创新的管理类软件，包括 PDM 和在网上共享产品模型信息的协同软件等）和相关的咨询服务。实质上，PLM 与我国提出的 C4P（CAD/CAPP/CAM/CAE/PDM）或者技术信息化，基本上指的是同样的领域，即与产品创新有关的信息技术的总称。

从另一个角度而言，PLM 是一种理念，即对产品从创建到使用，再到最终报废等全生命周期的产品数据信息进行管理的理念。在 PLM 理念产生之前，PDM 主要是针对产品研发过程的数据和过程的管理。而在 PLM 理念之下，PDM 的概念得到延伸，即基于协同的 PDM，可以实现研发部门、企业各相关部门，甚至企业间对产品数据的协同应用。

软件厂商推出的 PLM 软件产品部分地覆盖了 PDM 应包含的功能，即不仅针对研发过程中的产品数据进行管理，同时也包括产品数据在生产、营销、采购、服务、维修等部门的应用。

因此，实质上 PLM 有三个层面的概念，即 PLM 领域、PLM 理念和 PLM 软件产品。而 PLM 软件的功能是 PDM 软件的扩展和延伸，PLM 软件的核心是 PDM 软件。

在 ERP、SCM、CRM 和 PLM 这四个系统中，PLM 的成长及成熟花费了很长的时间，并且很不容易被人所理解。它与其他系统有着较大的区别，这是因为迄今为止，它是唯一面向产品创新的系统，也是最具互操作性的系统。有了 PLM，企业可以更好地管理企业的知识型资产，加强企业的产品创新，以此实现"顺应市场，随需应变，伸缩自如"的核心竞争力。

（1）基本功能

静态的产品结构和动态的产品开发流程是 PLM 进行信息管理的两条主线，所有的信息组织和资源管理都是围绕产品展开的。在系统工程思想的指导下，PLM 用整体优化的观念对产品开发过程数据和产品制造过程进行描述，能够规范产品生命周期管理，保持产品数据的一致性和可跟踪性。PLM 的核心思想是设计数据的有序、设计过程的优化和资源的共享、系统集成。

PLM 六大基本功能如下：

- 图纸文档管理。PLM 的图纸文档管理提供了对分布式异构数据的存储、检索和管理功能。在 PLM 中，数据的访问对用户来说是完全透明的，用户不需关心电子数据存放的具体位置，以及自己得到的是否为最新的版本，这些工作都由 PLM 系统来完成。数据仓库和图纸文档管理的安全机制使管理员可以定义不同岗位的人员，并赋予这些不同岗位的人员的数据访问权限和范围，通过给用户划分自己相应的权限和范围，使数据只能被已授权的用户获取或修改。同时，在 PLM 中电子数据的发布和变更必须经过事先定义的审批流程后才能生效，这样就使用户得到的都是经过审批的正确信息。

- 产品结构与配置管理。产品结构与配置管理是 PLM 的核心功能之一，可以实现对产品结构与配置信息和物料清单（BOM）的管理。用户可以利用 PLM 提供的图形化界面来对产品结构进行查看和编铺。在 PLM 系统中，零部件按照它们之间的装配关系被组织起来，用户可以将各种产品定义数据与零部件关联起来，最终形成对产品结构的完整描述，传统的 BOM 也可以利用 PLM 自动生成。此外，PLM 系统通过有效性和配置规则来对系列化产品进行管理。

此外，在企业中，同一产品的产品结构形式在不同的部门并不相同，因此 PLM 系统还提供了按产品视图来组织产品结构的功能。

- 零部件管理。以数据库方式组织数据是 PLM 系统的重要特征，但是如果信息不易获取，那么信息毫无用处。应用分类与查询管理功能可以很容易地查询、存取、浏览设计的信息，如通用零部件库数量很大，无法用一般图号查询一定功能的零件，必须建立特征分类号（成组技术分类编码系统）和零件项目号间的连接关系，用特征分类号可以很容易地进行查询。在文档资料管理中也可按其属性进行分类以提高查询工作效率。迅速查找信息意味着可以用一个或多个文档属性查找文档。大多数好的数据库系统允许定义查询条件，并可以把定义查询项存储起来供以后使用。

- 属性数据与结构数据管理。属性数据与结构数据管理的数据是从产品图纸、文档资料、工艺文件提取出来的，以数据库文件格式存储，这些数据是组织、检索产品图纸、文档资料、工艺文件的源数据，也是 CAD/CAPP/ERP 等集成应用共享需用的关键数据，是 PLM 系统的核心，具有数据检验、统计报表、数据浏览及人机交互数据输入等功能。

- 项目与流程管理。PLM 要对产品生命周期管理，必须从产品项目的开发计划开始，按产品流程不间断地跟踪，直到开发产品数据的动态定义过程，其中包括宏观过程（产品生命周期）和各种微观过程（如图样的审批流程）。对产品生命周期的管理包括保留和跟踪产品从概念设计、产品开发、生产制造到停止生产的整个过程的所有历史记录，以及定义产品从一个状态转换到另一个状态时必须经过的处理步骤。

- 系统集成。整个生命周期内所需的各种数据进行管理，必须与产生数据的 CAD/CAPP/CAM/ERP 系统有良好的接口，不但要能接收各系统输出的数据，而且要能从各系统输入的各种格式数据中提取有关信息，建立统一的有关产品组成的各种物料、工艺等信息数据库。

（2）系统框架

产品全生命周期管理系统框架如图 2-6 所示，整个框架分成数据建模

层、技术支持层、领域接口层、应用系统层 4 层结构。

① 数据建模层。

该层提供企业元数据级建模工具，建立集成的、协同的企业产品全生命周期数据模型。采用 UML 作为建模语言，使用集成图形化的建模工具。数据建模层的数据结构采用 STEP 中的 EXPRESS 语言进行表达，定义数据的应用解释模型。在数据模型的物理层描述上，采用 XML 作为中间文件交换格式，并进行虚拟企业和联盟企业间的数据交换。

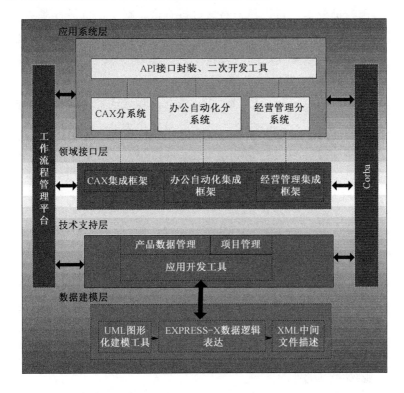

图 2-6　产品全生命周期管理系统框架的管理平台

② 技术支持层。

该层包括对产品数据的管理及产品全生命周期的项目管理。产品数据管理以文档管理为中心，功能设计参照对象管理组织（OMG）定义的 PDM 使能器规范，实现电子仓库、版本控制、工程变更等基本功能，为产品数据管理提供基础服务。项目管理对产品全生命周期中的过程和相关资源进行管理，包括项目综合管理、人力资源管理、质量管理、成本管理等，另外提供一系列的用户定义和二次开发工具。

③ 领域接口层。

该层由 CAX 集成框架、办公自动化集成框架、经营管理集成框架等组成。这些领域框架实现已有应用系统的封装集成，支持各领域内产品定义、并行开发过程和产品开发团队的管理。在表现形式上，集成框架通过 IDL 文件描述，表达出各应用系统对其他系统的接口。实现不同领域应用系统之间的全局信息和全局过程的集成。在接口的规范上可参照 OMG 定义和发布的有关规范。

④ 应用系统层。

该层由集成框架中应包含的各应用分系统组成，如 CAX 分系统、办公自动化分系统、经营管理分系统（如库存管理系统、生产计划管理系统、车间管理系统、财务管理系统等）等。应用系统如果基于 Corba 实现，那么可方便地实现各应用分系统间的互操作，对于传统的应用系统，可以通过 API 进行应用功能的封装，实现以 CORBA 为对象，完成与其他应用系统的交互。

（3）应用

产品全生命周期管理是企业信息化的关键技术之一，PLM 可以提高市场竞争力，也可以提高产品的质量。产品全生命周期管理系统是一个采用了 Corba 和 Web 等技术的应用集成平台和一套支持复杂产品异地协同制造的，具有安全、开放、实用、可靠、柔性等功能，集成化、数字化、虚拟化、网络化、智能化的支撑工具集。它拓展了 PDM 的应用范围，支持整个产品全生命周期的产品协同设计、制造和管理，即支持从概念设计、产品工程设计、生产准备和制造、售后服务等整个过程的产品全生命周期的管理。

PLM 在未来几年的发展主要围绕可定制化的解决方案、高效多层次协同应用、多周期产品数据管理、知识共享与重用管理、数字化仿真应用普及等方面。

① 可定制化的解决方案。

PLM 成功应用的关键取决于软件供应商对企业需求响应的速度和代价，响应速度越快并且付出的代价越合理，系统实施成功并且不断深化的可能性就越大，因此 PLM 必须是一个可定制化的解决方案。从发展轨迹来

看，PLM 系统的可定制能力经历了缺乏可定制、模型可定制、模型驱动的构件可定制这样的发展过程，随着实施企业的逐渐理性，PLM 需要提供一个使企业可以快速、安全、稳定并且低成本的部署，并运行一个数据模型和业务模型符合具体需求的可定制的解决方案。随着 PLM 在产品的各个生命周期阶段功能的完善，使得 PLM 的功能愈来愈丰富和强大，但即使是这样，也不能完全满足不同企业的个性需求，因此提供一个可定制化的解决方案就显得非常有必要，让用户来决定最终 PLM 产品的形态和配置。

② 高效多层次协同应用。

随着 PLM 的快速发展，PLM 已经逐步覆盖从产品的市场需求、概念设计、详细设计、加工制造、售后服务，到产品报废回收等全过程的管理，并逐步实现了与企业其他信息系统的深入集成。目前国内外许多集团型企业也在使用 PLM 系统，同时产业链上的上下游企业之间也需要通过 PLM 实现协同，因此，伴随的问题就是解决产品不同阶段、不同参与人员和组织之间的协同，因为只有高效的协同应用、优化的业务过程，才能真正提高企业的工作效率，缩短响应时间，为企业带来更好的利润回报。协同的应用根据企业的业务需求可以分为多个层次，协同应用分为项目管理协同、业务过程管理协同和业务数据管理协同三个层次。

项目管理的协同应用在企业不同部门之间或者产业链的上下游企业之间，主要反映任务的关系和结果，这对于解决集团型企业应用非常必要。

业务过程管理的协同应用在部门内部或者部门之间，主要反映日常业务的执行过程和结果，满足企业日常工作的自动化协同。

业务数据管理的协同是最基本的协同，通过数据的生命周期阶段或者状态在不同人员之间形成协同，保证业务数据在整个生存周期的正确和完整。

高效多层次协同不但强调协同方案的"多"，更强调不同协同方案的一致性和完整性，提供企业产业链之间、企业部门之间、部门内部等多层次的协同的同时，提高不同协同之间的集成和协同方法的不断探索，实现不同多层次协同的无缝集成。目前 PLM 系统在协同方面的应用还主要停留在企业内部业务规则和业务数据的协同，虽然部分企业也实施了项目管理，但是和 PLM 系统的高效紧密集成还有一定距离。

③ 多周期产品数据管理。

PLM产品是从PDM产品发展起来的，在企业的应用已经从研发部门延伸到企业的各个部门。对于同一系统中的数据，根据企业的划分标准不同，会有多个生命周期。

数据生命周期主要有工作阶段、审批阶段、归档阶段等多个阶段；因此多周期的数据管理是PLM系统发展应用的趋势。目前主流的PLM厂商都有自己的产品生命周期管理解决方案，但是还没有多周期产品数据管理，单周期的数据管理对于项目型的应用比较适合，因为项目本身就包含了一次性的特点，而产品的管理是重复迭代，周而复始，需要更加复杂的周期管理。

④ 知识共享与重用管理。

现在知识管理已经非常热门，企业不断推出各种知识管理解决方案。关于知识管理系统的定义非常多，如知识管理系统是一种把企业的事实知识（know-what）、技能知识（know-how）、原理知识（know-why）与存在于企业数据库和操作技术中的显性知识组织起来的技术。

随着企业应用PLM的时间越来越长，积累的数据越来越多，这其中包含了企业多年沉淀的知识，如何让这些知识方便地在企业内部共享和传播就显得非常重要。

知识的共享和重用的应用包含两个方面：一是获取知识，即进行数据挖掘和数据的整理；二是知识传播，即把已经整理好的知识融入PLM系统，依靠PLM系统把必要的知识传递给相关的人，为企业的生产服务，减少不必要的重复劳动或探索。通过知识分类和梳理，可以对企业的各类知识进行有效的管理，有效地形成企业的知识资产。

⑤ 数字化仿真应用普及。

随着企业对生产制造过程的仿真和管理的需求不断加大，全球三大PLM厂商UGS-Tecnomatix、达索-Delmia、PTC-Polyplan均已拥有了自己的数字化制造解决方案，开始了产品生命周期的一个新阶段的应用探索。通过数字化仿真，企业可以节约产品研发、生产准备和生产节拍制定等许多成本，并可以节约大量时间。

数字化仿真主要分为两个方面，一是产品生产制造的仿真，二是管理过程的仿真。

产品生产制造的仿真主要应用在航空航天、汽车和电子等复杂大型制造行业中，一个产品研制的完成，需要较长的时间，复杂度比较高，如果按照传统的生产流程，在产品形成和测试过程中，需要耗费大量的人力和物力进行验证，这些工作需要耗费企业大量的成本，而且测试并不意味着一次性成功，有了数字化仿真，就可以通过在计算机上进行大量的测试和验证工作，大大节省制造成本和时间。

管理过程的仿真主要是管理者在制定新的业务过程的时候，按照传统的做法，需要进行较长的适应和磨合期，而且如何进行已有业务规则的调整，需要实际的人员参与，形成的周期比较长，对于企业的管理是一个很大的挑战。有了数字化仿真，管理者可以通过 PLM 系统仿真业务规则的制定和执行过程，生成相关的数据，制定相关的业务过程，进行仿真，在仿真的过程中发现问题，进行改进，进而节省成本，提高管理过程的可控制性。管理以人为本，辅以先进的信息技术，才能真正提高企业的管理水平。

现在各主要 PLM 厂商主要集中在产品生产制造的仿真研究上，管理过程的仿真还是一个新的领域，在今后的几年将是 PLM 应用的热点。

3．APS 系统

对于物料及产能规划与现场详细作业排程而言，企业常因无法确实掌握生产制造现场实际的产能状况及物料进货时程，而采取有单就接的接单政策与粗估产能的生产排程方式，但又在提高对顾客的服务水平及允诺交期的基本前提下，导致生产车间常以加班或外包方式来满足订单交期。此外，由于物料规划无法考虑产能的限制，又可能造成原料/零组件的采购计划无法配合生产计划，以致影响既定生产进度，而造成无法满足顾客交期或成本过高的恶性循环。也因此，无法达到快速响应（Quick Response）顾客的需求与有效益的可允许订货数量/时间（Available To Promise，ATP 或 Capable To Promise，CTP）的目标。为了解决上述问题，一个能妥善、有效规划企业资源（如机器、人员、工具、物料等）来满足顾客需求，达到最大产出量、瓶颈资源使用率最高及前置时间最短等要求的生产策略，并能协助生产管理人员找出实际可行的企业信息应用系统已迫在眉睫。

随着信息科技的进步（信息处理速度与数据存储能力的提升），缩短了规划技术的规划时间，提升了规划效益，大幅提升了应用先进的规划技术解决生产排程问题的可行性。

APS（高级生产规划及排程系统）便是利用先进的信息科技及规划技术，例如遗传算法（Genetic Algorithm）、限制理论（Theory of Constraints）、运筹学（Operations Research）、生产仿真（Simulation）及限制条件满足技术（Constraint Satisfaction Technique）等，在考虑企业资源（主要为物料与产能）限制条件与生产现场的控制与派工法则下，规划可行的物料需求计划与生产排程计划，以满足顾客需求及应对竞争激烈的市场。高级生产规划及排程亦提供了 what-if 分析，可以让规划者快速结合生产信息（如订单、途程、存货、BOM 与产能限制等），做出平衡企业利益与顾客权益的最佳规划和决策。

（1）定义

APS 是一种基于供应链管理和约束理论的先进计划与排程工具，包含了大量的数学模型、优化及模拟技术。在计划与排程的过程中，APS 并发考虑企业内外的资源与能力约束，用复杂的智能化运算法则，做常驻内存的计算，从成千上万甚至百万个可行方案中选出一套最优方案来指导企业的生产、采购、库存等，帮助企业对生产中的资源利用进行计划/执行/分析/优化和决策。

APS 被誉为供应链优化引擎，对企业所有资源具有约束能力，具有同步的、实时的模拟能力，并发考虑所有供应链约束，如能力约束、原料约束、需求约束、运输约束、资金约束，通过智能搜索算法和模拟仿真确保生产计划的有效性。随着智能制造的持续推进，APS 智能计划排产成了制造企业建设智能工厂的刚性需求。越来越多的企业开始注意到 APS 高级计划排程系统，帮助企业进行资源和系统整合集成优化，实现最优化的排程，通过合理的计划排程，实现按需生产、精益制造、柔性运作，实现生产与经营的无缝衔接。

（2）系统特点

整体而言，APS 的功能特色可大致归纳为下列几点。

① 同步规划。

APS 的同步规划是指根据企业所设定的目标（例如最佳的顾客服务），同时考虑企业的整体供给与需求状况，以进行企业的供给规划与需求规

划。即进行需求规划时，须考虑整体的供给情形，而进行供给规划时亦应同时考虑全部需求的状况。APS 的同步规划能力，不但使得规划结果更具备合理性与可执行性，而且使企业能够真正达到供需平衡的目的。

② 考虑企业资源限制下的最佳化规划。

传统上，以 ERP 排程逻辑为主的生产规划与排程系统进行规划时，并未将企业的资源限制（如物料与产能工具、设备与加工作业）与企业目标（如最低生产成本与最短前置时间）纳入考虑，使其规划结果非但无法达到最佳化，甚至可能是不可行的。而 APS 则应用数学模式（如线性规划）、网络模式或仿真技术等先进的规划技术与方法，因此在进行生产规划时，能够同时考虑到企业限制与目标，以拟订出一套可行且效能最佳的生产规划。

③ 实时性规划。

信息科技的发展使得生产相关数据能实时地取得（如透过现场控制或 MES 系统），而 APS 系统能够利用这些实时性数据进行实时规划（Real-time Planning）。另外，凭借最新信息科技快速的处理能力，使得规划人员能够实时且快速地处理类似物料供给延误、生产设备故障、紧急插单等例外事件。

（3）系统组成

APS 一般由基础数据（即通用建模）、计划调度、核心算法等核心模块组成，如图 2-7 所示，并通过系统集成平台，从 ERP/MES/PLM 等系统获取排程的静态制造基础数据和动态订单库存数据等；考虑企业排产的整体目标和策略（如客户优先级、订单交期、相同产品连续生产、资源负载均衡等），进行一键式的智能排产（或者根据企业计划现状，进行向导式排程/半自动排程），得到订单交期的评估结果、精细的工序级生产计划、准确的投料计划，通过多种甘特图和报表的形式展示计划的结果。

（4）应用范围

APS 的管理原理先进，适用于流程型和离散型制造企业，它能更好更准确地产生 ERP 要求的各类计划，满足企业计划调度和排产需求，其应用范围如图 2-8 所示。

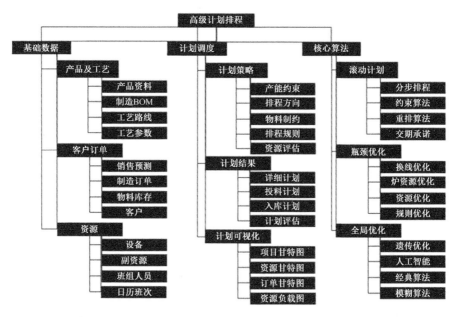

图 2-7　APS 组成

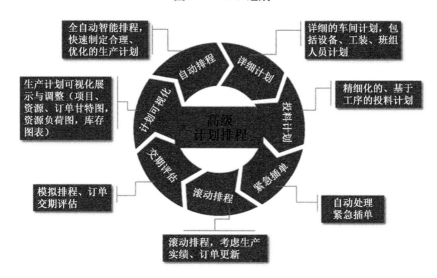

图 2-8　APS 应用范围

资源计划和生产作业计划：这类计划中资源的使用情况是精确到设备、工装、人员的分步，用户可以看到任意事态的资源占用情况，从生产作业中的物料、精细到具体工位的中间品情况、占用的工序时间、相关的

供应商或库存、批量数量等。

物料需求计划：由于物料需求是和生产工序一起动态存在的，而不是由 BOM 静态产生的，物料需求有精确的时间，原则上是上道工序的产出品作为下道工序的需求物料，只有上工序的产出不能满足本工序时才产生物料需求，并要有供应商精确的到货时间。物料需要的量、时间和位置都很精确，为直接从供应商准确订货提供了依据，而库存物料的需求数量相对很少。

资源使用计划：用户可以能看到任意时刻的资源使用情况和资源使用率。如不满意，可以人工调整以达到最佳情况，并可用于帮助调整企业的设备需求计划。

库存计划：PSD 产生的计划精确到分秒，而且尽可能地用生产能力去满足需求，以 APS 资源约束原理计算出的结果为依据作出的库存计划不但非常精确，而且大大减少库存量。

采购计划：有了订单，才产生生产排产计划、物料需求计划。计划精确到分秒、工位，采购计划也更准确，采购量也更少。

成本计划：用户可看到订单的成本，而且可以看到中间品和在制品的成本。调配排产计划，订单的成本也变化。可在满足订单的情况下，调配排产得到最大利润。

批量跟踪计划：由于工序中每道工艺都有严格的资源使用和记录，某人某台设备何时加工某产品的某一步都记录在案，产品跟踪起来很方便。

4．SCM 系统

供应链管理（Supply Chain Management，SCM）是一种集成的管理思想和方法，它执行供应链中从供应商到最终用户的物流计划和控制等职能。从单一的企业角度来看，是指企业通过改善上下游供应链关系，整合和优化供应链中的信息流、物流、资金流，以获得企业的竞争优势。供应链管理是企业的有效性管理，表现了企业在战略和战术上对企业整个作业流程的优化。整合并优化了供应商、制造商、零售商的业务效率，使商品以正确的数量、正确的品质，在正确的地点，以正确的时间、最佳的成本进行生产和销售。

供应链管理系统是一种整合整个供应链信息及规划决策，并且自动化和最佳化信息基础架构的软件，目标在于达到整个供应链（供应、需求、原材料采购、市场、生产、库存、定单、分销发货）的最佳化（在现有资源下达到最高客户价值的满足），为一种新的决策智能型软件。供应链管理（SCM）应用是在企业资源规划（ERP）的基础上发展起来的，它把公司的制造过程、库存系统和供应商产生的数据合并在一起，从一个统一的视角展示产品建造过程的各种影响因素。供应链是企业赖以生存的商业循环系统，是企业电子商务管理中最重要的课题。

SCM 能为企业带来如下益处：

- 增加预测的准确性；
- 减少库存，提高发货供货能力；
- 减小工作流程周期，提高生产率，降低供应链成本；
- 减少总体采购成本，缩短生产周期，加快市场响应速度。

随着互联网的飞速发展，越来越多的企业开始利用网络实现 SCM。

（1）作用意义

SCM 利用互联网将企业的上下游企业进行整合，从战略层次和整体的角度把握最终用户的需求，以中心制造厂商为核心，将产业上游原材料和零配件供应商、产业下游经销商、物流运输商、产品服务商，以及往来银行结合为一体，构成一个面向最终顾客的完整电子商务供应链，通过企业之间有效的合作，获得成本、时间、效率、柔性等最佳效果。其目的是为了降低采购成本和物流成本，提高企业对市场和最终顾客需求的响应速度，从而提高企业产品的市场竞争力。

通过建立供应商与制造商之间的战略合作关系，可以达到以下目标。

① 对于制造商/买主。

降低成本（降低合同成本），实现数量折扣和稳定而有竞争力的价格，提高产品质量和降低库存水平，改善时间管理，缩短交货期和提高可靠性，优化面向工艺的企业规划、获得更好的产品设计和对产品变化更快的反应速度，强化数据信息的获取和管理控制。

② 对于供应商/卖主。

保证有稳定的市场需求，对用户需求有更好的了解/理解，提高运作质量，提高零部件生产质量，降低生产成本，提高对买主交货期改变的反应速度和柔性，获得更高的（比非战略合作关系的供应商）利润。

③ 对于双方。

改善相互之间的交流，实现共同的期望和目标，共担风险和共享利益，共同参与产品和工艺开发，实现相互之间的工艺集成、技术和物理集成，减少外在因素的影响及其造成的风险，降低机会主义影响和投机概率，增强解决矛盾和冲突的能力，在订单、生产、运输上实现规模效益，以降低成本，减小管理成本，提高资产利用率。

研究表明，有效的供应链管理能够使供应链上的企业获得并保持稳定持久的竞争优势，进而提高供应链的整体竞争力。统计数据显示，供应链管理的有效实施可以使企业总成本下降 20%左右，供应链上的节点企业按时交货率提高 15%以上，从订货到生产的周期时间缩短 20%~30%，供应链上的节点企业生产率增值提高 15%以上。越来越多的企业已经认识到实施供应链管理所带来的巨大好处，比如 HP、IBM、DELL 等在供应链管理实践中取得的显著成绩就是明证。

（2）基本内容

SCM（供应链管理）是使企业更好地采购制造产品与提供服务所需原材料、生产产品和服务，并将其提供给客户的艺术和科学的结合。供应链管理包括以下五大基本内容。

- 计划。这是 SCM 的策略性部分，需要有一个策略来管理所有的资源，以满足客户对产品的需求。好的计划是建立一系列的方法监控供应链，使它能够有效、低成本地为顾客递送高质量和高价值的产品或服务。

- 采购。选择能为产品与服务提供货品和服务的供应商，与供应商建立一套定价、配送和付款流程，并创造方法监控和改善管理，把对供应商提供的货品和服务的管理流程结合起来，包括提货、核实货单、转送货物到制造部门并批准对供应商的付款等。

- 制造。安排生产、测试、打包和准备送货所需的活动，是供应链中测量内容最多的部分，包括质量水平、产品产量和工人的生产效率等的测量。

- 配送。很多"圈内人"称之为"物流"，包括调整用户的订单收据、建立仓库网络、派送人员提货，并且送货到顾客手中、建立货品计价系统、接收付款。

- 退货。这是供应链中的问题处理部分，建立网络接收客户退回的次品和多余产品，并在客户应用产品出问题时提供支持。

（3）未来趋势

① 网络化。

Internet 把合作关系推到了一个新的水平。在新型的 B2B 商业时代，新一代提供商已经能在爆炸性的数据扩张条件下管理交易进行的情况，成千上万的商家为提供贸易的主导权而进行激烈的竞争，这个竞争推动了信息化的进程。在可预见的将来，网络化的 App 应用将不断增多。

② 外包。

产品提供商已经不再是顾客解决问题时首先想到的求助者，经常是由于供应商满足不了顾客的实际需要导致客户关系失败，在这种情况下，将服务外包是一个可行的解决方式。

③ 合作规模逐渐扩大。

有了 Internet 这个神奇的驱动，合作双方都在快速地向全球规模的合作前进。许多缺乏内部处理流程的公司转而寻求全球范围内的资源、制造和销售，于是合作规模将逐步扩大。

5．CRM 系统

客户关系管理系统（Customer Relationship Management，CRM）是以客户数据的管理为核心，利用信息科学技术，实现市场营销、销售、服务等活动自动化，并建立一个客户信息的收集、管理、分析、利用的系统，帮助企业实现以客户为中心的管理模式。客户关系管理既是一种管理理念，又是一种软件技术。

客户关系管理系统主要有高可控性的数据库、更高的安全性、数据实时更新等特点，提供日程管理、订单管理、发票管理、知识库管理等功能。

（1）作用

CRM 是一种以"客户关系一对一理论"为基础，旨在改善企业与客户之间关系的新型管理机制。企业为满足每个客户的特殊需求，同每个客户建立联系，利用相应的信息技术和互联网技术来协调企业与顾客间在销售、营销和服务上的交互，并在此基础上进行"一对一"个性化服务，从

而提升其管理方式，提高核心竞争力。

CRM 为企业构建了一整套以客户为中心的有关客户、营销、销售、服务与支持信息的数据库，帮助企业了解管理渠道，建立和优化前端业务流程，包括市场营销、销售、产品的服务与支持、呼叫中心等。该系统可以进行深层次分析和挖掘，从而发现最有价值的客户、新的市场和潜在的客户，创造业务良机。该系统可扩展、可连接的特性可以与企业的 SCM、ERP 系统无缝集成，实现实时的数据交换，增强企业与供应商、合作伙伴、客户间的关系，加快客户服务与支持响应速度，增强企业在电子商务时代的竞争优势。

CRM 系统主要包含传统 CRM 系统和在线 CRM 系统。随着互联网的发展，更多的企业采用了在线 CRM 系统。

其优势有以下几点：

- 账号自由设置，用户数量不限。
- 永久性使用，不限使用期限，终身免费的技术支持。
- 完全独立的管理平台，不需要租用任何服务器，可以将其安装在任何需要的地方。
- 基于 B/S 架构，互联网、局域网、本地电脑皆可使用，不需安装客户端，可无限范围覆盖。
- 强大的数据管理和统计分析功能，可根据建立的各种不同的信息，快速查询出所需要的统计信息和相对应的柱状图、折线图、饼图。
- 销售机会的跟踪，可以方便了解每一个销售机会的跟进情况。快速制定客户的跟进策略，并且在销售机会的详细页可以看到联系活动、报价单、签约单、服务单的明细情况。

（2）主要功能
- 日程管理。
- 潜在客户管理。
- 产品管理。
- 报价单管理。
- 订单管理。
- 发票管理。

- 知识库管理。
- 故障单管理。
- 系统管理员权限管理。
- 操作员拥有相应的模块权限管理。

（四）协同商务层

1. 工业大数据平台

工业大数据是指在工业领域中，围绕典型智能制造模式，从客户需求到销售、订单、计划、研发、设计、工艺、制造、采购、供应、库存、发货和交付、售后服务、运维、报废或回收再制造等整个产品全生命周期各个环节所产生的各类数据及相关技术和应用的总称。其以产品数据为核心，极大地延展了传统工业数据范围，同时还包括工业大数据相关技术和应用。其主要来源可分为以下三类：第一类是生产经营相关业务数据，第二类是设备相关数据，第三类是外部数据。

工业大数据技术是使工业大数据中所蕴含的价值得以挖掘和展现的一系列技术与方法，包括数据规划、采集、预处理、存储、分析挖掘、可视化和智能控制等。工业大数据应用，则是对特定的工业大数据集，集成应用工业大数据系列技术与方法，获得有价值信息的过程。工业大数据技术的研究与突破，其本质目标就是从复杂的数据集中发现新的模式与知识，挖掘得到有价值的新信息，从而促进制造型企业的产品创新、提升经营水平和生产运作效率，以及拓展新型商业模式。

（1）特征

工业大数据除具有一般大数据的特征（数据量大、多样、快速和价值密度低）外，还具有时序性、强关联性、准确性、闭环性等特征。

① 数据量大（Volume）：数据的大小决定所考虑数据的价值和潜在的信息；工业数据体量比较大，大量机器设备的高频数据和互联网数据持续涌入，大型工业企业的数据集将达到 PB 级别甚至 EB 级别。

② 多样（Variety）：指数据类型的多样性和来源广泛；工业数据分布广泛，分布于机器设备、工业产品、管理系统、互联网等各个环节；并且结构复杂，既有结构化和半结构化的传感数据，也有非结构化数据。

③ 快速（Velocity）：指获得和处理数据的速度。工业数据处理速度需

求多样，生产现场级要求时限时间分析达到毫秒级，管理与决策应用需要支持交互式或批量数据分析。

④ 价值（Value）：工业大数据更强调用户价值驱动和数据本身的可用性，包括提升创新能力和生产经营效率，以及促进个性化定制、服务化转型等智能制造新模式变革。

⑤ 时序性（Sequence）：工业大数据具有较强的时序性，如订单、设备状态数据等。

⑥ 强关联性（Strong-Relevance）：一方面，产品生命周期同一阶段的数据具有强关联性，如产品零部件组成、工况、设备状态、维修情况、零部件补充采购等；另一方面，产品生命周期的研发设计、生产、服务等不同环节的数据之间需要进行关联。

⑦ 准确性（Accuracy）：主要指数据的真实性、完整性和可靠性，更加关注数据质量，以及处理、分析技术和方法的可靠性。对数据分析的置信度要求较高，仅依靠统计相关性分析不足以支撑故障诊断、预测预警等工业应用，需要将物理模型与数据模型结合，挖掘因果关系。

⑧ 闭环性（Closed-loop）：包括产品全生命周期横向过程中数据链条的封闭和关联，以及智能制造纵向数据采集和处理过程中，需要支撑状态感知、分析、反馈、控制等闭环场景下的动态持续调整和优化。

由于以上特征，工业大数据作为大数据的一个应用行业，在具有广阔应用前景的同时，对于传统的数据管理技术与数据分析技术也提出了很大的挑战。

（2）战略价值

大数据是制造业提高核心能力、整合产业链和实现从要素驱动向创新驱动转型的有力手段。对一个制造型企业来说，大数据不仅可以用来提升企业的运行效率，更重要的是如何通过大数据等新一代信息技术所提供的能力来改变商业流程和商业模式。从企业战略管理的视角，可看出大数据及相关技术与企业战略之间的三种主要关系如下。

- 大数据与战略核心能力：大数据可以用于提升企业的运行效率。
- 大数据与价值链：大数据及相关技术可以帮助企业扁平化运行，加快信息在产品生产制造过程中的流动。
- 大数据与制造模式：大数据可用于制造模式的改变，形成新的商业模式。其中比较典型的智能制造模式有自动化生产、个性化制造、网络化协调及服务化转型等。

2．远程运维平台

远程运维平台主要是一个管理运维的平台，管理方面分为两类管理，一是对所有平台上的智能设备进行管理监测，二是对平台上的用户进行管理。平台上主要的功能分为六个部分。

（1）物联呈现

这一模块主要是对智能设备进行监测，可以查看智能设备的设备工况、历史工况、作业情况、地图总览部分、在线状态、统计报表、实时视频等各种实时数据。通过对智能设备实时数据的采集分析，可以进一步了解各种智能设备的工作状态，可以随时掌握智能设备的情况，不在现场也可以了解智能设备所有的工作情况。累积的实时数据都可以制作成报表，可以对各种智能设备的数据进行查询、分析、管理，更加直观地用数据来显示智能设备过去的各种状况。

（2）基础档案

基础档案部分是对平台上的所有智能设备进行管理的地方，这就相当于一个档案库，每一个智能设备都有一个自己的身份证，通过这个档案库可以查看到所有的智能设备，方便对智能设备进行管理。基础档案对档案的分类也很细，有机型档案、设备档案、客户档案、设备类型档案、配件档案、仓库档案。每一个智能设备的信息也很全面，包括设备类型、设备机型、设备出厂编号、设备出厂日期、设备别名、设备保修期、设备过保日期、3D 设备控制器、软件版本、智能单元控制器、软件版本的档案详情等信息。

（3）业务流程

这一部分主要是各种业务服务，其中包括维修业务、保养业务、巡检业务、交机业务、技改业务、配件核销、旧件返厂、回访业务、设备检定。这些服务都是针对智能设备量身定制的，可以解决智能设备的许多问题，同时还有一个配套的 App，可以更加方便快速地解决各类服务问题。各种服务页面里的各种项目与文字都是可配置的，每个环节的设置也都是可配置的，这样就可以适用于各式各样的智能设备。

（4）基础管理

基础管理主要涉及平台上的管理，各个组织机构的建立、人员分配、人员权限分配，机构智能设备关联分配，智能设备各类相关文件管理，以及系统配置等功能。

（5）故障管理

这部分就相当于一个故障库管理，把平时所有的故障累积起来形成一个故障库，以后各种智能设备出现报警的问题都可以在故障库里面找到，方便日后处理报警的故障，故障库会根据各智能设备故障报警实时进行更新，根据各种故障报警，专家也相对应给出故障解决方案，这部分所有的功能模块都可以进行查询、增添、修改、删除等管理操作。

（6）资产管理

资产管理这部分适用于所有智能设备的服务项目，服务项目主要有三项：软件包版本管理、解锁机管理、保养服务提醒。软件包版本管理的主要内容就是各种智能设备的软件升级包以及其他软件，这项服务可以给各项智能设备远程升级或者进行软件更换。解锁机管理服务项目是对智能设备进行解机锁机，根据不同情况对智能设备进行相应的操作。保养服务提醒服务项目是对智能设备设定保养提醒，定时提醒做保养、做哪些保养项目等。

3. 云服务平台

云平台为企业提供产品设计、工艺、制造、采购和营销业务服务，提供信息化知识、产品、解决方案、应用案例等资源，为企业推进智能制造提供有力支撑。

建设工业云平台，以瘦客户机取代大量服务器、PC 等投入，彻底降低建设成本、节约资源，利用云计算技术为生产制造业（如机械、汽车零部件、家电等行业）提供基础资源和工业设计软件（CAD/CAM/CAPP/CAE/PDM）的咨询与服务，以租用服务替代软件销售，降低企业成本，最终实现智慧工厂综合管理系统、企业资产管理系统、企业资源计划系统、产品数据管理系统、制造执行系统、企业应用整合系统按需部署、按需服务，开启生产制造企业智能化升级改造之路，推动企业实现知识共享和协同研发，打通产业协同创新链条。

（1）体系架构

工业云计算平台是将信息化建设的基本要素（如网络、主机、数据库、中间件等）在云计算架构下形成面向服务的具有安全和运行保障的有机整体——云计算公共服务平台（简称云平台），为"两化融合"建设专有业务系统准备好所有信息化基础设施资源，各工业企业利用这一公共服务平台建设应用云平台（如空间地理信息云、中小企业云、食品云和金融云等）。

公共服务云平台是面向服务并体现云计算模式的"五横二纵"的体系框架。"五横"表达了以基础设施即服务、以平台即服务为基础支撑的信息化基础资源共享服务体系；每层既对上一层提供服务支撑，同时又具有独立的面向业务支撑的应用服务体系，体现基础设施即服务、数据资源即服务、平台即服务和软件即服务的云计算体系架构（见图 2-9）。所有服务均需要以信息安全保障体系、运维监控服务体系及政策法规标准规范作为保障。

图 2-9　工业云计算平台总体架构图

如图 2-9 所示，工业云计算平台是将信息化建设的基本要素在云计算架

构下形成面向服务的具有安全和运行保障的有机整体，实现机房资源、网络资源、服务支撑、安全保障资源、信息资源、运维服务资源的共享，为各部门建设专有业务系统准备好所有信息化基础设施和环境，各部门开展信息化应用时，只需在平台上部署业务应用软件。通过工业云计算平台的建设，形成信息化基础资源云，实现基础资源即服务，真正使基础设施成为基础性公共资源，能够为各类不同应用提供基础支撑服务。

（2）运行原理

云制造是一种面向服务的、高效低耗和基于知识的网络化智能制造新模式，对现有网络化制造与服务技术进行延伸和变革。它融合现有信息化制造技术及云计算、物联网、语义 Web、高性能计算等信息技术，将各类制造资源和制造能力虚拟化、服务化，构成制造资源和制造能力池，并进行统一、集中的智能化管理和经营，实现智能化、多方共赢、普适化和高效的共享和协同，通过网络和云制造系统为制造全生命周期过程提供可随时获取的、按需使用的、安全可靠的、优质廉价的智慧服务。云制造是一种通过实现制造资源和制造能力的流通，从而达到大规模收益、分散资源共享与协同的制造新模式，其运行原理如图 2-10 所示。

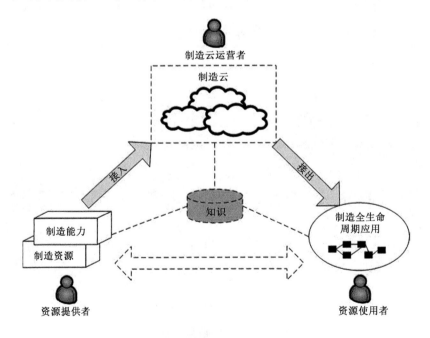

图 2-10　云制造运行原理

云制造系统中的用户角色主要有三种，即资源提供者、制造云运营者、资源使用者。资源提供者通过对产品全生命周期过程中的制造资源和制造能力进行感知、虚拟化接入，以服务的形式提供给第三方运营平台（制造云运营者）；制造云运营者主要实现对云服务的高效管理、运营等，可根据资源使用者的应用请求，动态、灵活地为资源使用者提供服务；资源使用者能够在制造云运营平台的支持下，动态按需地使用各类应用服务（接出），并能实现多主体的协同交互。在制造云运行过程中，知识起着核心支撑作用，知识不仅能够为制造资源和制造能力的虚拟化接入和服务化封装提供支持，还能为实现基于云服务的高效管理和智能查找等功能提供支持。

4．企业信息门户

企业信息门户是一个将企业的所有应用和数据集成到统一的信息管理平台上，给信息系统的所有用户提供统一标准的使用入口。通过企业信息门户可以快速构建企业门户、电子商务、协作办公、数字媒体、视频点播、企业信息资源目录、场景式服务等内外网应用，平台支持二次开发、网络升级，具有高度的灵活性和扩展性，是门户网站/站群管理的利器。

信息门户主要包括以下内容。

- 用户信息管理：主要包括公司内部员工、成员企业、外部供应商、合作伙伴、外部客户账户管理及基本信息维护与管理，以及用户分类及系统功能权限管理。
- 企业概况：企业形象宣传、新闻发布等。
- 经营管理信息：包括产品与服务的供需商情信息，网上订单及执行情况查询，网上广告与促销。
- 咨询与服务：包括售前咨询与服务，售后咨询与服务，问题咨询、交流与解答，企业资信查询，实体间信息共享与交换。
- 网上宣传：包括网络营销传播和网址宣传等。

二、运行机制

基本模式的运行机制模拟了企业的实际业务流程，也是诸多关键要素集成的依据，几个主要的运行机制描述如下。

① 智慧运营：企业或客户通过线上下单，将订单信息导入网络协同平

台，网络协同平台将订单信息发送至合适的企业并由企业运营平台（主要是 ERP/PLM）处理，由 APS 进行模拟试算，将预计交货日期等信息回送到企业运营平台，并通过网络协同平台的在线交流通知客户。

② 智慧排程：APS 将优化的生产计划发布至企业运营平台，通过网络协同平台向供应商发布线上采购通知，如采购成功，通过 SCM 交运生产原料至作业控制层，此时 APS 发送至现场控制诸系统（FA/MES/SCADA）进行生产并进行数据采集，向运营平台回送生产进度和完工信息，待出货指令到达后通过 WMS 进行收发货作业，并通过协同平台向客户发送发货通知。

③ 智慧生产：MES 根据动态生产计划进行派工作业，并实时监控生产工艺流程，采集各种数据、信息，并根据这些信息进行生产过程的实时监控和动态调整，最终将产品送往 WMS，等待发货。

④ 智能运维：基于工业大数据平台，进行生产数据分析、制程分析等各类分析工作，一方面优化排程参数，生成更具效率效益的生产计划，另一方面将各类信息实时导入生产现场，优化生产流程，确保生产安全。

其他如远程运维、客户管理等机制在上一节相关内容有所说明，此处不再赘述。

第二节　实施步骤

对于不同的企业，由于自身资源要素和条件不同，发展阶段与现状不同，需解决的问题不同，加之所处的行业不同，采用的生产工艺有别，因而智能制造侧重的环节也有所不同。应在基本模式的基础上，结合企业具体情况，提出个性化和定制化的解决方案。但是，企业的性质和基本流程都是相同的，因此，企业在推进智能制造方面仍然会遵循一些基本的和共同的实施步骤。

一、需求诊断

自身诊断是第一步。对企业自身的需求进行分析，剖析企业生产经营等各方面的痛点所在，明确企业实施智能制造的目标，明晰实施智能制造带来的企业实际效益以及产品质量与生产效率等方面的提升空间，而非盲目跟风实施。如果企业无法明确智能制造的实施目的，不仅耗时伤财费力，而且会打乱企业原本正常的生产活动，造成不必要的损失。实施智能制造的最终目的是进一步降低企业生产成本和提升效率、提高产品质量等，只有在明确实际需求后才能制定具体措施和方向。

二、顶层设计

顶层设计是指导企业具体实施智能制造的"大脑"与"原则"。企业进行智能制造的顶层设计，既要契合企业的短期需求、中期和长期规划，又要考虑企业现实的数字化、自动化基础条件，结合行业的特色来制订。顶层设计的目标主要是根据智能制造基本模式，结合企业自身实际情况，制订出合适的、可执行、可落地的智能制造实施模式，也就是通常所说的解决方案。

顶层设计的范围囊括了企业产品研发设计、生产、销售、售后服务的全生命周期，同时也涵盖了产业链各环节，包括企业的上游供应商和下游客户。其内容和步骤主要是根据需求诊断结果，寻找智能制造推进实施的关键要素和关键环节，关键要素是指人员、设备、设施、资金、场所、工业软件等企业生产要素，关键环节是在采购、研发、生产、物流、服务等业务流程中影响智能制造进程推进的关键节点，实现智能化，不仅要有强大的制造技术，能够逐渐完备关键要素，还要能提取关键环节参数和数据，把制造经验分解转化为计算机可以识别的数字化程序。

整体上，企业智能制造顶层设计包括以下三个维度的集成设计：

一是设备的集成设计。智能工厂的设备不可能仅采购自同一厂家，而不同厂家设备的数据采集方式、存储方式不同，设备接口存在差异，只有通过系统的顶层设计才能将这些差异性的智能设备整合为一条智能生产总线。例如，如何对接不同厂商设备的 PLC 接口、如何对接分拣包装设备与搬运设备之间的对接接口等，就是智能制造中顶层设计的常见问题。

二是数据流的集成设计。企业生产过程中涉及多种多样的数据，可能来自不同的软件，来自不同的设备，来自不同的业务部门。数据来源的多样化会造成数据自身的差异化，例如数据存放的平台不一致，数据的存储方式不一致，数据格式及读写方式不一致等。如果不将差异化数据整合成一条完整的信息流，就容易形成多个信息孤岛，不能实现数据的实时共享，就不能有效地挖掘数据的价值。即便在企业内部打通了数据流，企业

也很难利用所有数据，仍然需要通过系统的顶层设计来挖掘有意义的数据，并利用数据的价值来改善生产过程或决策流程，实现工厂的智能化。

三是业务流程的集成设计。智能制造的另一个难点就是如何打造一个有效的数字化模拟仿真工厂。数字化模拟仿真工厂需要将业务流程环节的每一个动作分解，定义标准最优动作，找出所有实现标准最优动作的因素，将之量化，并不断优化上述过程，直至通过量化因素能反向完善控制业务流程的结果。但是，如何量化标准最优动作仍需不断探索。

三、方案制订

企业实施智能制造并非一日之功，不能一蹴而就，是一个长期的战略转型。因此，需要结合企业自身明晰的经营发展战略，设计切实可行的整体规划，并将整体规划分步实施，明确企业实施智能制造的切入点。

企业实施智能制造，首先要求企业拥有较好的数字化、自动化基础。自身数字化、自动化阶段不同的企业，智能制造的整体规划进度也有所不同。通常对于制造过程自动化程度不高的企业，多以智能化技术改造为主；对制造过程自动化程度比较高的产业，则是引导企业采用物联网技术，通过设备的信息集成，实现设计、生产、仓储等数字化，建设智能工厂。

结合中国制造业实际情况，应更加重视中小企业的智能制造升级改造。我国中小企业是我国国民经济的重要组成部分，据工信部的相关信息显示，中小企业总数已占全国企业总数的 99%以上，其创造的 GDP 相当于全国 GDP 总额的 60%左右。目前，我国有大量的中小企业仍集中于传统产业，普遍存在生产方式粗放、能耗高、产品附加值低、同质化严重等问题，迫切需要对中小企业进行智能化改造。然而，考虑到中小企业在资金、人力和技术等方面的先天不足，很难在短时期内建立完整成熟的智能制造体系，更谈不上立竿见影地获得经济收益。另外，很多企业还存在以下误区，有些企业将智能制造理解为购置高端装备、高端软件，还有的企业急功近利，不重视基础工作，想一步到位，不顾行业类型和企业资金、人员、生产运营的实际，不考虑投资回报，导致智能化升级改造陷入困境。因此，制订方案必须因地制宜、因企制宜、找准切入点、区分重点、系统推进。

四、系统推进

　　企业实施智能制造是通过装备水平和信息技术水平的提升，来代替人的脑力和体力，牵涉企业各个部门，涉及企业产品的设计、生产、物流、销售和服务等各环节，以及大量的业务重叠、权利分配、多方配合过程，不仅需要对内进行生产布局的重整，而且需要与联合体单位紧密配合，从人、财、力、智等各方面全方位培育，需综合调配各项资源。

（一）局部、单点环节的智能化改造

　　局部、单点环节的智能化改造是指在工序或加工设备层面的智能化改造，通过购置机器人、数控加工设备等方式，实现局部生产环节的自动化、数字化提升，以便解决生产过程中的瓶颈装备和瓶颈工序问题。以某企业厂内制造物流环节的智能化改造为例，包括以下内容。

　　（1）在物流全过程统一设置 6+1 级条形码。货位条形码，物料条形码，物料包条形码，配送车条形码，作业人员条形码，工位地面条形码，交接单据条码，对物料配送的各个节点实现动态跟踪和实时监控。

　　（2）按照节拍制订配送计划，把配送任务划分为七个节拍。指派任务、进车备料、备料完成、工位物料配套检查出库、配送发出、送至车间工位、空车回收。每个节拍运用条形码扫描技术进行触发。

　　（3）按照物料属性，将配送工作分成四种模式，并正式投入使用物流中心智能自动立体货柜，实现 WMS、ERP、MES 的无缝对接和多系统信息共享。

　　（4）引入物联网系统，系统自动识别物料信息并对信息进行传输，物流配送信息可以实时传送到生产信息系统，物料配送的每个过程都可以在动态显示屏幕上更新，第一时间查询配送进度和实时对物料的状态作出判断。

　　（5）实现节拍化的配送模式，根据主生产计划制定供应商物料的配送计划，按照规定的时间把正确的物料送到正确的地点。供应商物料直接配送到工位，实现供应商产品裸件运输、直接上线，并实现信息化的实时跟踪。

　　（6）利用条形码技术对储运一体化全过程进行跟踪，实时掌握动态信息，每个工位物料的物流状态可以实时把握。对所有循环取货车辆进行

GPS 跟踪，实时掌握车辆信息，了解物料的在途情况，同时对车辆的调度指挥、路线选择提供及时依据。

（二）开发智能产品和装备

智能产品是智能制造和服务的价值载体，智能制造装备是智能制造的技术前提和物质基础，智能产品和装备是智能制造系统的主体，也是企业智能制造发展的重要内容。通过开发智能化的装备或者产品，为客户企业提供技术提升的装备或产品平台，为客户企业在工序、车间、工厂三个层面提供从数据到分析再到决策的智能化基础。

（三）建设智能车间

建设智能车间是指在车间范围形成一个完整的智能制造生产线，并以此为企业带来智能化的生产组织模式。

以提高产品生产整体水平为核心，关注于生产管理能力提高、产品质量提高、客户需求导向的及时交付能力提高、产品检验设备能力提高、安全生产能力提高、生产设备能力提高、车间信息化建设提高、车间物流能力提高、车间能源管理能力提高等方面；通过网络及软件管理系统把数控自动化设备（含生产设备、检测设备、运输设备、机器人等所有设备）实现互联互通，达到感知状态（客户需求、生产状况、原材料、人员、设备、生产工艺、环境安全等信息），实时数据分析，从而实现自动决策和精确执行命令的自组织生产的精益管理境界的车间。

（四）建设智能工厂

智能工厂将智能制造融入了研发、采购、物流、生产、销售、售后的全价值链之中，从前端和后端共同实现对需求的快速反应，以信息为核心建立企业全新的决策过程。

以提高工厂运营管理整体水平为核心，关注于产品及行业生命周期研究，从客户开始到自身工厂和上游供应商的整个供应链的精益管理，通过自动化和信息化的实现，从满足到挖掘，乃至开拓和引领客户需求开始的销售与市场管理能力提高；提高环境、安全、健康管理水平，提高产品研发水平，提高整个工厂的生产水平，提高内外物流管理水平，提高售后服务管理水平，提高能源（电、水、气）利用管理水平，通过自动化、信息化来实现精益工厂建设和完成工厂大数据系统建设与发展，通过自动化和信息化实现从客户开始到自身工厂和上游供应商的整个供应链的精益管理。

（五）围绕产品全生命周期推进产业间并联协同和智能服务

围绕产品全生命周期向产业链上下游延伸，建设协同平台并开启协同化转型，推动产业链上不同企业通过互联网共享信息，实现协同研发、智能生产、精准物流和智能服务。

此外，在企业推进实施智能制造的过程中，还需要加强顶层设计、协调力度，完善组织保障，建设强有力的跨部门建设团队，完善项目管理制度，构建完善高效的管理和沟通协调机制、智能制造实施与企业生产任务的协调机制，持续优化改进。

第三章

网络协同制造模式解读

第一节 概述

一、概念作用

网络协同制造是充分利用 Internet 技术为特征的网络技术、信息技术，实现供应链内及跨供应链间的企业产品设计、制造、管理和商务等的合作，达到资源最大利用目的的一种现代制造模式。协同制造是智能制造、协同商务、网络制造、云制造、全球制造等生产模式的核心内容，它强调企业间的协同，能够打破时间、空间的约束，通过互联网络，使整个供应链上的企业和合作伙伴共享客户、设计、生产经营信息。从传统的串行工作方式，转变成并行工作方式。从而最大限度地缩短新品上市的时间，缩短生产周期，快速响应客户需求，提高设计、生产的柔性。通过面向工艺的设计、面向生产的设计、面向成本的设计、供应商参与设计，大大提高产品设计水平和可制造性，提高成本的可控性。有利于降低生产经营成本，提高质量，提高客户满意度。

网络协同制造的作用有以下几个方面：

（1）降低企业的原料或物料的库存成本，基于销售订单拉动从最终产品到各个部件的生产成为可能。

（2）可以有效地在企业内各个工厂、仓库之间调配物料、人员及生产等，提高订单交付周期，更灵活地实现整个企业的制造敏捷性。

（3）实现对于整个企业各个工厂的物流可见性、生产可见性、计划可见性等，更好地监视和控制企业的制造过程。

（4）实现企业的流程管理，从设计、配置、测试、使用、改善到整个制造流程，并不断改善和集中管理，大大节约实施成本，节约流程维护和改善流程的成本。

（5）实现企业系统维护资源的降低。

二、网络协同制造系统及特点

网络协同制造系统是根据网络协同制造理念开发的，一个由多种异构分布式的制造资源，以一种互联方式并利用计算机网络组成的开放式、多平台、相互协作、能及时灵活响应客户需求变化的制造系统。它是一种支持群体协同工作的系统，能够克服时间、空间、计算机软硬件等障碍，形成一个便于群体相互合作的虚拟同地的共同工作空间，使得异地多学科人员能够并行协同地完成整个产品的设计制造工作。

协同制造系统需要封装和集成不同地域企业和团体中的设计、制造、管理、信息、技术、人力等资源，并屏蔽掉这些资源的异构性和分布性。用户只同资源、代理交互，而代理将任务映射和调度到不同的资源节点上，协同企业和客户通过任务管理器可以监控和协调制造过程，动态处理制造环境的变化。由于协同制造系统需要在不同的硬件平台、操作系统、网络协议和数据库等异构环境下组织和协调分布在多个企业中的人力、设备和信息资源，其生产过程是运行在大范围分布环境下的一个多约束、多目标、复杂递阶的庞大系统，存在较强的突变性和不确定性，其特点如下。

（1）系统规模庞大，构成系统的元素种类和数量众多；系统跨越的时间和空间范围大，寿命周期长。协同制造系统注重生产过程的整体性和连续性，因此，要求把不同的设备或子系统与生产过程连接成一个整体。各个设备的优化不等于全系统的优化，因而既要求局部生产单元的可靠性，又要求实现全局可靠性最优。

（2）系统任务复杂，具有多剖面、多目标特点。离散决策变量（生产方案的切换、调度指令的下达、随机事件的引入、生产装置的切换等）与连续决策变量（生产过程）共存，各分布式子系统之间还要根据不同的生产阶段、不同的协同作业目的进行快速灵活的重构，因此其逻辑结构也会随着

任务时间段的改变而变化，造成单元公用相关性和时段延续相关性问题，所以系统整体的逻辑结构往往不是简单的串、并联关系，而是相当复杂的关系。

（3）系统是在一定环境和组织结构中组成的复杂分布式"人－机"（机，计算机、生产及控制设备）系统，功能与结构复杂、知识密集、专业化程度高、具有开放性，与人和环境的关系密切。特别是高科技含量和复杂化的协同制造环境，对人的全面素质与职业适应性的要求越来越高。只有充分利用人的知识、能力，努力提高人的可靠性，才能发挥系统所有的技术潜力。

（4）分布式、开放的体系结构，各子系统间需互联互通互操作，具有良好的可扩展性、容错能力以及可重组性。生产设备之间通过密闭的通道连接，工作流、物料流连续，产品状态难以直接观测，生产线中的缓冲单元复杂而有限，甚至根本没有缓冲单元。

（5）系统需要实时在线采集生产数据、工艺质量数据、设备状态数据，并进行实时处理，具有实时性、交互性和多方协同的特点，这对各子系统间的相互通信和协作提出了很高的要求。

三、网络协同制造系统组成

网络协同制造是一个多种复杂活动的过程，因此需要从全局角度对产品设计制造中的各种活动、资源作统筹安排，从而使整个过程能够在规定时间内以高质量和低成本得以完成。

一般网络协同制造系统主要由协同工作管理、协同应用、决策支持、协同工具、安全控制以及分布式产品数据管理等不同的功能模块组成，如图 3-1 所示。协同工作管理模块负责对协同制造过程进行管理，统筹安排开发中的各种活动、资源。分布式数据管理模块是系统的重要支撑工具，负责对所有的产品数据信息、系统资源及知识信息进行组织和管理，这些信息主要包括用户信息、产品数据、会议信息、决策信息、密钥信息、知识库及方法库等。安全控制模块是系统的重要保障，负责对进入系统的用户、协同过程中的数据访问和传输进行安全控制，主要包括安全认证、保密传输以及访问控制等，以保证整个系统的数据安全。协同应用模块提供系统的核心功能，协同制造人员在数据库的支撑下，利用该模块进行协同应用，包括协同 CAD、CAPP、CAM、虚拟制造仿真以及 DNC 远程控制等。决策支持模块为协同制造提供决策支持工具，包括约束管理和群决策支持等。协同工具模块为协同制造提供通信工具，包括视频会议、文件传输以及邮件发送等。随着信息技术的不断发展，上述功能越来越多地迁移到云平台上进行，设计和实现协同制造云平台成为网络协同制造能否成功的关键。

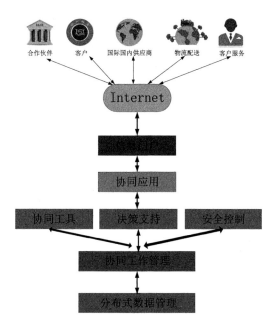

图 3-1 网络协同制造系统组成

四、关键技术

1. 协同过程规划

对于协同规划的过程来说，设计者完成的每一项基本工作用任务来定义和调度，任务可以是用户自己创建的，也可以是上级下达的或者是来自其他合作者的协作任务。用户在接受一个任务后，就成为完成此任务的负责人。根据任务的级别、紧迫性、创建时间和调度原则等知识，生成任务完成计划，存放于任务队列中。除任务的下达、呈交等基本合作方式外，多用户间的协同主要以工作小组协商和合同网两种方式进行。

2．协同过程控制

协同控制的功能在于监控、协调设计过程中的各种冲突，管理各个功能小组（或单个用户）的活动等。它包括项目管理、版本管理、通信、冲突消解及存储管理等几个模块，其中冲突消解模块是整个系统的核心。在产品设计制造过程中，用户之间、各个小组之间由于各自的目标不同、设计规则不同、知识经验不同等差异，必然引起工作内容以及参数确定上的不同，这些因素必然导致协同过程中冲突的产生。例如在产品的协同设计过程中，各种冲突不可避免，从某种意义上说，协同设计的过程就是一个冲突产生、识别和消解的过程。冲突消解模块就是完成这些功能的。

3．分布对象技术

分布对象技术是分布计算技术和面向对象技术的新发展，它提供了在分布的异种平台之间进行协作计算的机制，能够满足协同制造系统中各实体的协调合作。分布对象技术是在分布的、多种异构资源的基础上构造起网络化协同系统，以有效地实现资源与信息共享、相互协调与合作，协同完成整体目标。

4．计算机网络技术

计算机网络，指地域上分散的具有独立自治功能的计算机系统通过通信设施互连的集合体，可完成信息交换、资源共享、远程操作、协调配合等功能，以达到计算机系统的互连、互操作和协同工作等目的。计算机网络技术的发展提供了快速、性能稳定的信息服务。

5．产品数据管理技术

产品数据管理（PDM），是对工程数据管理、文档管理、产品信息管理、其他数据管理和信息管理、图像管理以及其他产品定义信息管理技术的扩展。它提供产品全生命周期的信息管理，不仅包含静态的数据信息，也包括动态的过程信息。PDM 主要应用在产品设计上，系统提供给各设计小组一个柔性的产品数据管理工具，是实现协同产品设计的基础。

6．协同工作质量评价技术

网络化协同中，要求尽可能地考虑设计、制造、装配等各项工作有关的约束（如可制造性、设计参数约束等），全面评价产品和工艺并提供改进的反馈信息，及时改进设计以保证产品从设计到制造的一次成功。因此对协同工作质量进行及时评价显得非常重要，目前对这一部分内容的研究很少，主要还是主观上的评价。

五、发展目标

通过持续改进，网络化制造资源协同云平台不断优化，企业间、部门间的创新资源、生产能力和服务能力高度集成，生产制造与服务运维信息高度共享，资源和服务的动态分析与柔性配置水平显著增强。

第二节 要素条件解析

一、要素条件内容

（1）建有网络化制造资源协同云平台，具有完善的体系架构和相应的运行规则。

（2）通过协同云平台，展示社会/企业/部门制造资源，实现制造资源和需求的有效对接。

（3）通过协同云平台，实现面向需求的企业间/部门间创新资源、设计能力的共享、互补和对接。

（4）通过协同云平台，实现面向订单的企业间/部门间生产资源合理调配，以及制造过程各环节和供应链的并行组织生产。

（5）建有围绕全生产链协同共享的产品溯源体系，实现企业间涵盖产品生产制造与运维服务等环节的信息溯源服务。

（6）建有工业信息安全管理制度和技术防护体系，具备网络防护、应急响应等信息安全保障能力。

二、关键要素解析

（一）关于网络化制造资源协同云平台

1. 网络协同制造资源共享服务平台

通过网络共享和优化配置分散在各个企业中的制造资源，是网络化制造模式的重要特征之一。能够集成多方面资源，具有多种功能的资源共享服务平台将成为网络化制造的一种重要技术工具，可以有效地支持企业实施网络化制造。在网络化协同制造模式的演进进程中，迫切需要建立公共的信息和知识资源库，如产品设计资源库、工艺资源库、标准件库等，共享这些资源对于提高企业的技术创新能力，加速新产品开发，开展协同设计和制造将起到非常重要的作用，这也是早期云制造和云服务技术出现以前在网络化协同制造系统建设方面的主要工作。

（1）资源共享服务平台的功能架构

协同制造是通过建立虚拟企业联盟实现的。一个功能全面、面向网络化制造的资源共享服务平台，应通过联盟企业之间的资源共享和优化配置，支持企业之间进行技术合作、制造过程协作和企业业务过程重组等活动，建立战略合作伙伴关系，增强企业竞争力，以占领更多市场份额。它区别于其他众多信息网的主要特点，是对企业间协同工作过程的支持，以及以协作支持为引导的、贯穿于网络建设及信息和技术服务始终的理念和方法。

根据上述设计思想，网络协同制造资源共享服务平台的功能架构，主要是通过 Internet/Intranet 获取各联盟企业中的可共享资源并加以归整，在此基础上，使各联盟企业实现资源共享，并为联盟企业间的相互协作提供支持，同时还为联盟企业的 Web 服务注册提供标准的平台环境，以实现虚拟企业应用系统集成，如图 3-2 所示。为此，需要建立以标准资源库、人力资源库、软件资源库、设备资源库和科技成果资源库等为核心的公共数据中心，为联盟协同工作提供支持和服务。

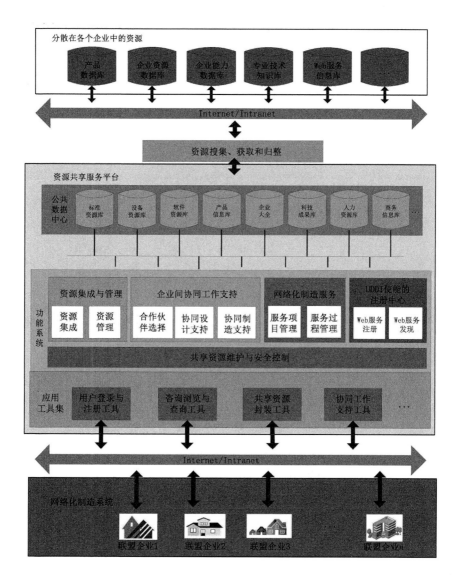

图 3-2　网络协同制造资源共享服务平台功能架构

① 数据中心

公共数据中心是利用信息技术，特别是通过 Internet/Intranet 建立的制造业网上制造资源信息库，使信息和知识为尽可能多的需求者服务，并通过有效地连接和共享各个分散企业的制造资源，加快企业产品的设计和开发速度，使企业资源得以优化利用。在网络协同制造模式下，共享制造资源

为各联盟企业之间协作提供支持的首要条件就是对其进行分析、归整、组织、系统化和数字化，并实现集中管理。因此，建立公共数据中心是资源共享服务平台建设的关键，其首要任务是规划、搜集、获取和整理可共享的制造资源。

② 主要功能

在公共数据中心所管理的可共享资源支撑下，利用应用工具集，为各联盟企业提供各种资源共享服务功能，主要包括以下5项具体资源共享服务功能。

- 资源集成与管理：一是对共享资源进行管理，以利于资源的组织、规划、协调和调控；二是根据网络化制造系统对资源的动态需求，将各种共享资源进行快速重构，以适应不断变化的市场竞争环境。

- 企业协同工作支持：在虚拟企业范围内，为联盟企业之间的协作（主要包括合作伙伴选择、异地协同设计和异地协同制造），提供技术和信息支持，即提供一种企业间相互合作的平台环境，以便通过网络将分布在各地的联盟企业联系在一起，进行协同工作，缩短产品开发周期，增强市场竞争力。

- 网络化制造服务：提供一种具有高技术、专业化、社会性和公共服务功能的新型服务模式，即通过互联网为各联盟企业提供应用服务的新型服务中介。它不仅仅是简单的技术支持，还包括设计、加工、管理和市场营销等应用软件服务，也包括为缺乏设计、加工、管理能力的企业提供相应的制造能力服务，以提高虚拟企业内各中小企业的敏捷性和市场响应能力，以及企业群的整体竞争力。

- UDDI 使能的注册中心：UDDI规范是一个面向 Internet 环境下企业应用系统之间集成与共享的标准，它提供了通过程序来注册和发现 Web 服务的机制。因此，UDDI 使能的注册中心的主要功能是作为 Web 服务的注册中心，也可以被虚拟企业内的服务请求企业用来发现所需要的 Web 服务，以及选择最佳的、提供 Web 服务的企业。

- 共享资源维护与安全控制：为实现共享资源的发布、删除、修改等自动化、网络化和安全化操作提供支持。

③ 应用工具集

资源共享服务平台所提供的资源量众多，共享服务功能齐全。因此，必须设有相应的工具为资源共享者提供便利，这些工具统称为应用工具集。

- 用户登录与注册工具：其功能是实现新用户的注册和注册后的用户登录到相关权限的功能区，以利用相应权限控制下的资源共享服务平台提供的各种功能。

- 资源查询：资源浏览和查询是资源共享服务平台提供的最基本的应用工具，其主要功能是让用户方便地了解服务平台中共享资源的种类和具体细节，并帮助用户迅速查找到所需要的资源。

- 共享资源封装工具：共享资源封装，一方面是为了实现资源的即插即用，另一方面是为了提高个体制造资源的智能性，使异构的制造资源之间具有信息交互与协调，以及制造任务规划与自适应能力，快速地集成到网络化制造系统中。

- 协同工作支持工具：协同工作支持工具主要是根据网络化制造对协同工作环境的要求，提供网络通信、多媒体协同交互、三维模型与二维图形的协同浏览、过程监控以及冲突消解与协调等功能。

（2）关键使能技术

① 网络化制造模式下资源获取和集成技术

图 3-3 所示为资源共享服务平台支持下的网络协同制造资源获取和集成模型，该模型分别基于语义 Web 技术和多 Agent 技术。

从图 3-3 中可以看出，资源获取层根据功能分为左右两个功能系统。右边的为元数据管理系统，具有智能搜索功能，能够自动搜索网络上的共享资源；可动态地抽取元数据，存储到专门的元数据库中；为资源共享服务平台提供元数据定义、浏览、查询、维护和输出等功能。该系统利用可扩展标记语言（eXtendcd Markup Language，XML）作为标准的描述元数据的语言，交换格式由模式 DTD 来限制。在 XML 基础上，利用资源描述框架（ResourceDescription Framework，RDF）语言强大的资源描述能力，在网络上搜索相关的资源信息。左边为模型中与具体资源交换数据和信息的部分，它利用元数据库提供的资源信息，把资源共享服务平台获取资源的请

求分发到具体的资源，并把资源信息经过组合后返回给资源共享服务平台。分发和组合过程有赖于元数据管理系统提供的信息。该系统为资源共享服务平台屏蔽了 Internet 上错综复杂的分散资源环境，提供了一个全局虚拟资源环境。通过 Internet 获取的新资源，由资源共享服务平台的资源管理功能模块负责管理。

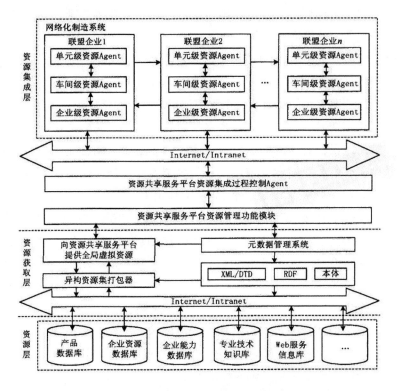

图 3-3　资源共享服务平台支持下制造资源获取和集成模型

资源集成过程由资源共享服务平台资源集成过程控制 Agent 和网络化制造系统中各联盟企业内的资源 Agent 通过动态交互完成。过程控制 Agent 的功能主要包括优化集成计划、提供动态资源集成工具，以及对网络化制造系统进行动态监控与管理等。当某个资源出现故障或受到一些突然的、不可预知的变化，或一些不确定因素的影响而引起资源的状态发生变化时，将自动向过程控制 Agent 报告，同时引发各个相关 Agent 之间的通信，过程控制 Agent 将根据新的资源状况动态地进行再调度，这时，各个 Agent 充分发挥自治能力，保证整个网络化制造过程优化，持续地进行下去。

② 共享资源的网络化和集成化管理技术

共享资源的网络化和集成化管理，主要是适应联盟企业查询与检索各种制造资源信息的要求。为了有效管理大量的共享制造资源，可采取层次管理的思想，建立一套统一的分类标准，而且在任何应用状态中，均应该明确一个主分类标准，以实现有效的操作指引。在建立分类标准时，优先考虑把国家制定的分类标准作为企业制造资源的分类标准。在层次结构中，企业作为叶节点，被当成实体对待，同时各种制造资源均可应用面向对象的分析方法将其看作实体，通过类的继承、聚合和派生等操作进行演绎，从而形成完整的共享制造资源管理模型，将分布式、异构的企业资源集成起来，形成逻辑上统一集中管理的共享资源，实现虚拟企业中各联盟企业及联盟企业内不同部门间对共享资源的透明访问，以及访问过程中的权限控制。

③ 基于资源共享的异地企业协同工作技术

为企业之间的协同工作提供支持，是构建面向网络化制造的资源共享服务平台的根本目的。资源共享服务平台支持下的异地企业协同工作系统存在两类站点，即提供超文本传输协议（Hyper TextTransport Protocol，HTTP）及相关服务的应用服务方（资源共享服务平台）和开展协同应用、接受服务的应用请求方（企业）。企业用户作为客户端发起协同应用，资源共享服务平台的服务器提供协同工作中需要的资源和相应的环境，可供企业在需要时下载。同时，其他联盟企业可同时对资源共享服务平台的服务器发起协同工作请求，资源共享服务平台以同样的模式回复多个企业的请求。其运作流程如图 3-4 所示，包括建立协作关系、异地协同设计和异地协同制造三个阶段。

（A）建立协作关系。根据市场机遇或订单确定拟设计、开发和制造的产品，通过资源共享服务平台寻求可能的协作资源信息，并同时发布寻求协作伙伴/招标信息；然后由其他企业根据自身资源优势和核心竞争力竞标，最终组建虚拟企业，建立协作关系。

（B）异地协同设计。在完成总体设计的情况下，分解设计任务，并在企业间协同工作支持中心和网络化制造服务中心的协调控制，以及公共数据中心提供的共享资源支持下，联盟企业异地协同完成设计。

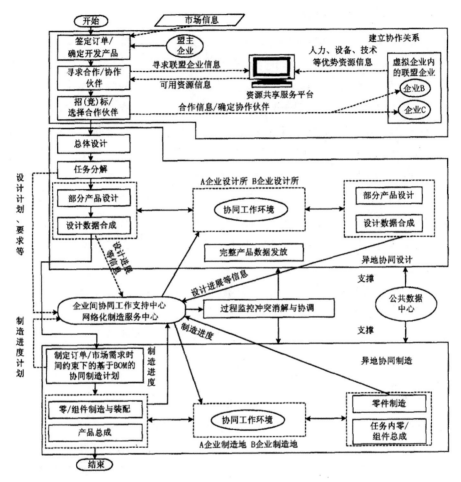

图3-4　资源共享服务平台支持下的异地企业协同工作系统的运作流程

（C）异地协同制造在完成异地协同设计的基础上，根据订单或市场时间要求制定基于产品物料清单（BillofMaterial，BOM）的制造进度计划，然后各联盟企业根据要求，在公共数据中心提供的共享资源支持下，以并行工程的方式进行异地协同制造，整个制造过程的进度协调由企业间协同工作支持中心和网络化制造服务中心负责完成。

④ 基于ASP模式的网络化制造服务技术

应用服务提供商（ApplicationService Provider，ASP）是以服务商为中介的新的先进制造模式，是企业、服务商将应用软件通过 Internet 远程租赁给联盟企业/客户，利用集中管理的设施为联盟企业/客户提供应用配置、托管、产品设计计算与绘图、信息与资源管理等访问服务，以低运营成本提供的一套应用解决方案。其实质是以应用为中心，以"出售"应用访问和集中管理为宗旨，实现一对多服务和按合同交付的目标。

基于 ASP 模式的网络化制造服务的目的是为网络化制造提供统一的中介服务平台支撑模型，并在该操作平台的统一控制下，以 Internet 为纽带，以服务中心为载体，以为远程用户、服务中心、协同制造企业提供方便快捷的技术信息平台、电子商务平台和制造服务平台等为宗旨，在远程用户、服务中心和协同制造企业之间搭建一座桥梁，动态优化资源，提供专业技术服务，达到实现异地协同设计与制造、缩短新产品研制周期、降低制造成本的目的，并最终实现网络化制造系统的动态配置、运行调度和协同等服务机制，进而完成产品的设计与制造全过程。

⑤ 基于 Web 服务的虚拟企业应用系统集成技术

Web 服务是一个能够在 Internet 环境下使用 XML 消息访问的接口，该接口描述了一组可访问的操作/服务。在网络化制造环境下，虚拟企业内某联盟企业将可对外共享的应用系统通过 Web 服务在资源共享服务平台或企业站点上进行封装，并用 Web 服务描述语言（Web Service Description Language，WSDL）进行统一描述，使程序能够自动识别 Web 服务；然后，企业将其在资源共享服务平台的 UDDI 使能的注册中心进行注册，这样其他联盟企业就可以再通过注册中心查找并发现该 Web 服务，并通过发送简单对象访问协议（Simple Object Access Protocol，SOAP）消息来调用该 Web 服务。作为一种基于文本的协议，SOAP 是以 XML 的形式提供的一个轻量级的用于分布式环境中交换信息的机制，目的是通过大量异构程序和平台之间的互操作，实现跨企业的应用系统集成和资源共享。图 3-5 所示为基于 Web 服务的虚拟企业应用系统集成框架。

（3）原型系统

基于对面向网络化制造的资源共享服务平台功能架构和关键使能技术的分析，提出基于浏览器/服务器/数据库三层网络体系结构的资源共享服务平台原型系统，主要包括公共数据中心、远程协同设计中心、远程制造服务中心、客户服务中心和站点导航等五个功能模块。

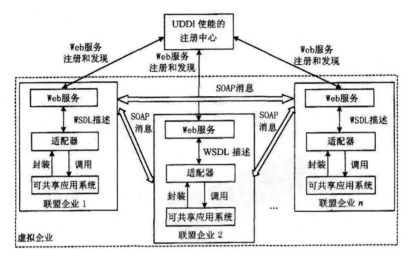

图 3-5　基于 Web 服务的虚拟企业应用系统集成框架

① 公共数据中心

该中心主要提供信息资源服务，例如常用资料、专业标准、工程材料、制造企业、技术成果、人才资源、设备资源以及产品等各种信息资源的发布、查询、检索、匹配和管理等功能。数据中心包括工程项目管理、工艺文件管理、工艺资源管理、图文档管理、工装管理、任务管理以及工时管理等七个独立的子系统，以此为基础实现制造信息资源集成与共享。

② 远程协同设计中心

该中心的特色之一在于它能够在网络化制造过程中为联盟企业提供协作平台和工具。在协同工作环境中，协作企业可以实时就设计方案进行交流，提供机构设计、机械传动设计、标准零部件设计以及机械强度计算等技术资源服务。

③ 远程制造服务中心

该中心主要为网络化设计和制造过程提供有限元分析、产品工艺设计和快速成型制造等技术支持。经过注册的合法授权企业用户可通过 Internet 访问该服务系统，经过签订电子合同并在线支付一定的费用后，就可以提交有限元分析服务请求，享受到快捷、便利和可靠的高水平技术服务，从而为企业产品的快速创新开发提供技术保障，增强企业的敏捷性。

④ 客户服务中心

该中心主要提供与资源共享服务平台使用有关的一些用户服务，如客户的注册或删除、登录密码更改、权限管理、在线收取费用以及意见建议与反馈等。

⑤ 站点导航

主要帮助用户尽快了解系统的功能，并指导用户正确快捷地使用该系统。

2. 云制造理论对协同制造模式发展趋势的影响

在云计算、物联网等新型技术大力发展的情形下，传统的基于资源共享的网络协同制造已经不能满足大规模复杂制造任务的需求，更不能确保核心制造商与协同制造商的高效协作和利益分配。云制造模式是集成化网络协同制造的发展趋势，而基于云制造的协同制造模式，更是制造核心行业需要探求的全新服务模式。

（1）协同制造模式的基本理论

协同制造是围绕一个或多个核心制造企业，将复杂制造模式中的部分制造任务，分配给其他协同制造商完成，并且各制造服务商按照一定的流程顺序或者管理顺序组成一个基于信息网络平台的整体服务链。协同制造模式能够充分利用以互联网技术为特征的网络技术、信息技术，实现各制造任务的协同运行和制造链的完整配合，实现供应链内及跨供应链间的企业产品设计、制造、管理和商务等合作，这样可以最终通过改变业务经营模式与方式，从而达到资源最充分配置和利用的目的。

协同制造模式的本质是围绕零件的制造过程，即利用现代计算机网络和信息化技术，将分散在各地的生产设备资源、智力资源和技术资源等，迅速地整合在一起，并通过信息网络化服务平台，实现异地资源的统一配置和协作服务。这样可以在更大的范围内配置资源，可以打破时间、技术、空间和地域上的约束，将各地最优的协同制造资源整合到一起，是企业利益最大化驱动的最优结果。可以降低生产成本，缩短生产周期，提高产品质量。

以网络化信息技术为基础的协同制造，是通过一种支持产品整个生命周期的、以客户和供应商的早期介入为特征的协同工作模式，将地理上呈

分散状态的制造型企业或者其他管理服务机构紧密联系在一起，共同协作完成产品的设计和制造的管理策略。为了能够达到快速响应市场、降低成本、缩短产品开发与生产周期的目的，进而提高企业的生产率和整个供应链的运作能力，企业间的合作日益密切，出现了网络化虚拟性企业、敏捷性供应链、扩展企业等多种企业组织形态。这就要求企业发挥各自的核心竞争力，本着双赢互惠的目的形成动态联盟，以最快的速度、最低的成本生产客户定制的产品。基于网络化制造的协同制造模式已经取得了很大的发展，并在广阔的范围内实现了全球化的资源配置功能。

（2）协同制造模式的发展瓶颈

可以清楚地知道，现代意义上的协同制造模式是介于上下游一体化和市场交易之间的。其不仅能异地协作、制造技术创新、提高行业进入壁垒，又能有效增加经营的杠杆、提高交易的灵活性、强化激励效果等效应，从而在核心竞争力得以巩固与发展的基础上，实现稳定与效率的平衡。现代先进协同制造模式呈现出网络化、信息化、分散化、智能化和敏捷化的发展趋势，其中依托于更加先进技术的新的协同制造模式，代表未来制造技术的发展趋势。

当前，协同制造模式主要建立在以网络化为基础的服务平台上，随着计算机互联网及办公软件的发展，基于网络化技术的协同制造模式已经不能满足大规模复杂产品及零件的制造需求。尤其是当核心制造商在寻求最优的协同制造服务时，单纯的网络化商务谈判和电子商务平台，没有相关的智能化协同制造商筛选服务。

而且，大部分协同制造链的形成，是依托于核心制造商与协同制造商长期合作所形成的信任机制。这样，虽然在信用和制造链稳定性方面有一定的保证，却不能寻找到最优的协同制造服务。网络化协同制造是建立在现代信息化服务平台和互联网技术上面的，虽然一度得到了大力发展，但是由于制造网络技术的局限性，在实际应用中存在如下制约。

一是不稳定性，制造网络的节点具有很强自治性，节点完全可以独立加入或退出制造网格，因此在极端情况下，当节点的资源是稀缺而且不可或缺的资源时，如果节点独立退出，就会引起整个网络的功能化衰竭或者全网络的瘫痪，对整个制造网络造成很大损失。

二是有限服务质量，制造网络给予每一个节点完全的自治和独立性，每一个制造资源节点仅提供制造服务的单一粒度权限，不能提供多粒度、多尺度的访问控制，严重制约了制造网络的功能效率，可见制造网络只有有限的服务质量。

三是没有统一的智能化服务平台，网络化制造完全依靠信息化管理和共享，没有统一的第三方服务平台提供相应的配套制造服务。单纯依靠网络化协调和调度，没有足够的约束力，也不可能获得最优的制造资源和服务，更没有共享信息的服务平台。

可见信息化制造模式亟须变革，需要专门的服务平台，进行制造服务信息的储存汇总，并可以根据核心制造企业的协同制造需求，制定最优的服务包，从而实现信息共享。而随着云计算、物联网、语义网等相关技术的发展，云制造这一先进制造模式就成为现代网络化协同制造模式一个非常重要的发展方向。

（3）云制造是协同制造模式的发展趋势

① 云制造模式发展状况

随着新一代服务计算技术云计算的迅猛发展，其按需服务、资源虚拟化等特点为用户提供了多粒度、多方位的服务，由此得到了广泛关注。随着云计算的大力发展，相继出现了云安全、云存储、云仿真等多种行业应用模式。

将云计算与制造业相结合，并提供面向制造过程的资源共享与协同，形成一种网络化制造模式，即云制造，这是当前先进制造模式的热点研究问题。云制造是基于云计算、物联网、语义网等信息化技术发展而来的全新的网络化制造模式。

目前国际上对云制造的研究相对较少，国内的李伯虎教授等人对云制造的背景、概念以及云制造系统和体系架构等进行了研究，并在此基础上对云制造的实际运作和技术支持进行了多方面的研究，为云制造的发展应用前景提供了重要的研究参考。在此基础上，对云制造的制造服务功能进行系统说明，指出了云制造将会成为制造服务发展的趋势，这也是网络化信息化制造模式发展的必然趋势。

基于云计算的云制造模式，是融合现代数字制造技术、网络技术、物联网以及云计算等的产物。在基于云制造的协同制造模式下，制造企业通过网络连接，形成一个全球化资源共享的生产系统，共同完成既定

的制造任务。

通过云制造服务平台的信息传递和优化服务，在云制造协同服务需求者和云制造服务提供者之间建立合作桥梁，保证了协同制造资源的最优性，也将成本控制在最低程度，很大程度地提高了协同制造链合作的稳定性和高效性，实现网络制造环境下制造资源的优化配置。

② 协同制造云服务化的发展趋势

基于云计算等技术的云制造模式，将现有的网络化制造和服务技术同云计算、云安全、高性能计算、物联网以及各种评价筛选模型等技术进行融合，从而实现各类制造资源统一，集中智能化管理和经营。在网络化协同制造的基础上，实现智能匹配、信息统一管理和专业的第三方信息服务平台运营等。

云制造服务平台可以为制造全生命周期过程提供完善的、按需匹配的、安全可靠的、最优廉价的各类制造资源和服务。云制造服务平台可以突破地理空间、文化差异的束缚，既能满足云制造服务需求者的服务请求，又可以为具备提供服务和资源资格的企业提供信息发布和业务拓展等服务。

通过云制造协同服务平台，实现制造信息资源的统一职能配置。将最优的服务资源和最契合的制造需求相结合，达到最优的资源配置，实现制造业的信息化和智能化，并提高快速响应能力，为不同地域空间的核心制造商或制造服务需求客户端进行信息化服务，满足其对协同制造的需求。

现代网络化先进制造技术与云计算、物联网等相结合所构建出的云制造服务模式，不仅可以实现资源的跨地区跨空间大规模配置，满足大规模复杂制造任务的需求，而且其专业化的服务平台可以实现大批量的资源匹配和信息检索，实现制造资源的智能化配置。云制造服务模式无疑是可以全方位满足现状网络化协同制造模式的发展趋势。

3. 面向网络协同制造的云制造服务平台

近年来，随着云计算、物联网等技术的发展和日趋成熟，一种面向服务的网络化制造新模式——云制造应运而生，它是一种利用网络和云制造服务平台，按用户需求组织网上制造资源（制造云），为用户提供各类按需制造服务的一种网络化制造新模式。基于云制造服务模式的云制造服务平台能够克服传统网络协同制造在服务和运营模式、制造资源共享与分配机制、标准规范、安全控制、平台个性化支持和服务能力、运行机制等方面存在不足和缺陷，将成为企业充分利用和共享制造资源，提升产品设计、经营管理和生产制造能力，增强企业综合竞争力的重要支撑手段，也是当前我国先进制造领域需要探索的一个重要发展方向。

（1）云制造服务平台的内涵

云制造服务平台是在网络化制造和 ASP 服务平台等研究的基础上，结合云制造服务模式和企业特点，综合应用云计算、云安全、物联网等技术建立的新型网络化制造服务平台，它能有效促进企业基于网络的制造资源共享和协同。云制造服务平台与已有的 ASP 服务平台和网络化制造平台相比，拥有参与资源的广域性、参与资源的多维性、制造服务的深入性、服务交易的可靠性、资源使用的便捷性、平台运维的市场性等特点，能更好地为企业产品全生命周期提供全面的、便捷的、深入的、可靠的、按需定制和优质廉价的各类制造服务。

① 参与资源的广域性

云制造服务平台按照统一标准和规范，将分散在各地的制造资源进行虚拟化描述、封装、发布和集中存储，可消除地域空间限制，实现需求、信息和资源的有序积聚，同时"多对多"的运行服务模式使云制造服务平台较网络化制造平台具有更加广阔的推广和应用范围。

② 参与资源的多维性

云制造服务平台可支持企业制造过程中的各种数据、模型、软件和领域知识等软制造资源标准化接入共享；可实现数控机床、加工中心和计算设备等硬制造资源的网络化集成运行、加工运行过程实时监测和远程维修维护等服务；可促进企业产品全生命周期所需设计、生产、实验和管理等能力资源的共享。

③ 制造服务的深入性

云制造服务平台能支持资源共享、资源使用全过程及其与制造过程相融合的优化利用，如智能生产线的构建、机床再制造、生产过程工艺参数的优化决策、数控程序协同优化编制等服务业务，从而实现云制造服务与企业核心技术的深度融合。

④ 服务交易的可靠性

云制造服务平台将针对服务交易类型分别建立标准的、可靠的信用评估机制，确保用户需求和资源的信息安全性以及交易可靠性。

⑤ 资源使用的便捷性

云制造服务平台可通过服务引擎与管理工具集，实现制造资源与服务需求的动态快速发布、服务供需能力的动态优化匹配、服务交易的在线协同、交易过程的安全防护，支持社会制造资源从产生到耗散全生命周期业务过程的快速高效运行，为用户提供按需供给、按量计价、便捷高效的制造资源与服务。

⑥ 平台运维的市场性

云制造服务平台可通过建立合理的利益分配与协调机制，实现平台中资源服务的提供方、使用方、平台运营方、服务集成方等多方业务主体的自激励，支持云制造服务平台运维构成要素的动态更新和可持续发展。

（2）云制造服务平台共性关键技术体系

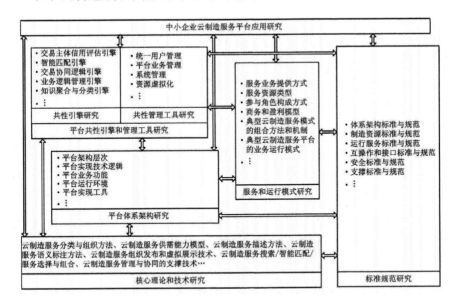

图 3-6　云制造服务平台共性关键技术体系

云制造服务平台的开发、实施和应用，是一项复杂而系统的工程，涉及许多亟须攻克的共性关键技术。主要包括平台核心理论和技术、标准与规范、平台体系结构、共性引擎和工具、服务和运行模式、平台应用研究等，如图 3-6 所示。

① 云制造服务平台核心理论和技术

云制造服务平台是一个崭新的概念，要系统和深入地开展云制造服务平台的研究、开发、实施和应用，首先需要围绕企业云制造服务全生命周期突破有关的核心理论和技术，包括云制造服务分类与组织方法、云制造服务供需能力模型、云制造服务描述方法、云制造服务语义标注方法、云制造服务组织发布和虚拟展示技术、制造能力供需智能匹配与交易技术、服务业务信用评估与分析技术、行业知识聚集与管理技术、服务管理中的非结构化数据管理技术等。平台核心理论和技术的研究逻辑如图 3-7 所示。

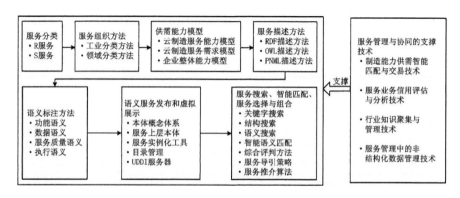

图 3-7　云制造服务平台核心理论和技术的研究逻辑

（A）云制造服务分类与组织方法

云制造服务的概念和分类，是解决云制造服务资源主体问题的源头。结合企业资源共享和业务协同的需求，可将云制造服务分为资源（R 服务）和服务（S 服务）两类。R 服务是指单个产品或者设备的简单买卖/租赁契约关系，与服务提供/消费者的企业内部不产生或者产生较少的业务交互；S 服务是指企业间协作意义下的复杂协同契约关系，服务供需双方存在业务逻辑依存关系和信息交互需求。其中，R 服务可采用标准的工业分类组织方法；S 服务可采用 Web 服务的领域分类方法。

（B）云制造服务供需能力模型

云制造服务供需能力模型，主要包括云制造服务能力模型和云制造服务需求模型。云制造服务供需能力模型的描述包括供需双方对 R 服务和 S 服务本身的供需描述和供需双方的企业整体能力描述。由于 R 服务和 S 服务所

涉及的概念、关系和语义有不同内涵，其能力模型的具体构成要素也有所不同。

（C）云制造服务的描述方法

云制造服务的描述方法，包括本体描述方法和工作流描述方法。本体描述方法包括资源描述框架（Resource Description Framework，RDF）和 Web 本体语言（Web Ontology Language，OWL）。对 R 服务，可采用基于知识框架的表达方法，具体体现为 RDF；对 S 服务，可采用基于 Web 服务的 OWL 表达方法；对服务流程的工作流描述，可采用可扩展标记语言（eXtensible Markup Language，XML）格式的 Petri 网标记语言。通过以上的服务描述，可规范和指导云制造服务的建模、组织和管理。

（D）云制造服务语义标注方法

针对企业云制造服务，特别是 S 服务，按照服务的开发、描述、发布、发现、组合与执行等生命周期对语义描述的需求，可将云制造服务语义分为功能语义、数据语义、服务质量语义和执行语义等四种类型。

- 功能语义（functional semantics），是指服务的实际功能描述，功能语义通过功能本体（functional ontology）来表达，标注在 Web 服务描述语言（Web Services Description Language，WSDL）文档中的操作上。

- 数据语义（data semantics），是指服务的输入/输出参数集合的语义表达，数据语义标注在 WSDL 文档中的操作上。标准的词汇表或分类表，例如 ebXMLCoreComponentDictionary 或 RosettaNetTechnical Dictionary 等，均可用来表达 Web 服务中的输入/输出数据。

- 服务质量语义（QoS semantics），是指服务的众多质量性能的语义表达，在 WSDL 文档中可以进行单独的服务质量语义标注。包括领域无关（domainindependent）的 QoS 和领域相关（domainspecific）的 QoS。

- 执行语义（executionsemantics），是指与服务执行相关的消息序列、任务流程、服务调用的前提条件/结果等语义信息，在 WSDL 文档中可以进行单独的服务过程执行语义标注。

（E）云制造服务组织发布技术和虚拟展示技术

通过建立云制造服务的本体概念体系，可实现企业本体、R 服务和 S 服务的上层本体描述，进而通过实例化工具进行实例化。针对企业本体和 R 服务，可采用目录管理方式进行发布；针对 S 服务，可采用 Web 服务方式，注册到统一描述、发现和集成（Universal Description Discoveryand Integration，UDDI）协议服务器中进行发布。对于云制造服务的检索和虚拟展示，可利用互联网应用（Rich Internet Applications，RIA）技术，通过建立虚拟服务浏览器来实现。

（F）云制造服务搜索、智能匹配、服务选择与组合

采用云制造服务搜索技术，可集成实现关键字搜索、结构搜索、语义搜索等功能。在智能语义匹配时，可依次进行四种语义匹配，逐步求精，同时需要采用多种语义的匹配度算法，以及单个服务匹配和服务间的语义匹配方法。在服务选择与组合时，可采用相应的服务导引策略和服务推荐算法，以及可参数化配置加权综合评判方法来实现服务选择；选择服务后，结合服务流程描述 Petri 网可扩展标记语言（Petri Net Markup Language，PNML）和业务过程执行语言（Business Process Execution Language，BPEL）来实现服务组合。

（G）云制造服务管理与协同的支撑技术

包括制造能力供需智能匹配与交易技术、服务业务信用评估与分析技术、行业知识聚集与管理技术、服务管理中的非结构化数据管理技术等。在突破以上技术的基础上，可开发构建云制造服务平台所需的一系列共性引擎和共性管理工具。

② 云制造服务平台的标准与规范

云制造服务平台的运行将涉及大量的需求和资源信息，同时，平台运营需处理多种服务交易，这些信息的无序化和异构化都将阻碍资源的有效集成和共享，因此，统一的标准和技术规范是云制造服务平台实现推广应用的关键。图 3-8 所示是一种云制造服务平台标准和规范总体框架结构，包括云制造服务平台体系架构、制造资源、运行服务、互操作和接口、安全等相关标准和规范。

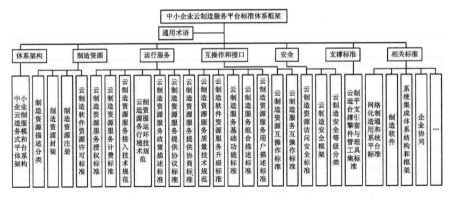

图 3-8　云制造服务平台标准和规范总体框架

③ 云制造服务平台体系架构

云制造服务平台体系架构是从服务实现的角度对平台的层次结构和逻辑关系等进行梳理和规划，构建云制造服务平台的架构蓝图。结合网络化制造服务平台现有研究成果和云制造服务平台的内涵，如图 3-9 所示。

- 基础支撑层提供云服务平台的数据库、网络等基础支撑环境。
- 平台集成运行环境提供平台运行的安全、监控与管理基础环境。
- 平台工具层提供一系列的工具集，支持制造资源与需求的方便注册、发布、搜索匹配、交易，以及业务管理、供需双方信用评价和知识社区创建等。
- 制造资源层包括各种 R 服务资源和 S 服务资源，各制造资源通过统一注册发布工具，形成标准接口的云构件，以供不同需求方的匹配调用；对于数控加工设备、仪器仪表等硬件服务资源，可采用一种基于智能终端的新型云端接入方式，实现方便接入云端形成云构件，以供不同需求用户匹配使用；对于一些服务资源，可通过系统知识工具集形成知识构件，以促成行业知识的聚集。
- 平台服务构件层存储并管理各类粗细粒度不等的服务构件，供不同服务需求调用。
- 服务组件层服务组件层为业务模型层与服务构件层的中间转换层，通过不同的服务构件组合可以形成粗细粒度不同的业务类型，供不同的业务模型调用。
- 业务模型层面向客户需求方的业务需求的业务流程定义层，可调用不同的服务组件响应不同的业务需求。

- 交易层为用户需求提供搜索匹配，并引导云需求与云资源的交易，记录管理交易过程，并作出信用评价。

- 用户层负责各种制造需求的发布，参与服务业务开展全过程，发布行业知识经验等。

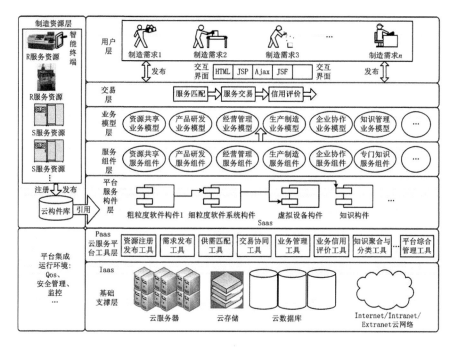

图 3-9　云制造服务平台体系架构

④ 云制造服务平台共性引擎和共性管理工具

云制造服务平台的构建是一项庞大而复杂的工程，为提高平台的开发效率和开发质量，降低平台开发风险和开发成本，以及提高平台的标准化程度和平台的集成性，需要在突破以上平台核心理论和技术的基础上，遵从平台的标准规范和体系结构，开发一系列云制造服务平台共性引擎套件和管理工具集。

（A）云制造服务平台的共性引擎套件

云制造服务平台的共性引擎主要为平台开发、应用和推广提供基础逻辑和服务支撑，包括交易主体信用评估引擎、智能匹配引擎、交易协同逻辑引擎、业务逻辑管理引擎和知识聚合与分类引擎等。

- 交易主体信用评估引擎基于云制造服务平台的主体信用评价指标，采用面向云制造服务平台的主体信用反馈机制和主体信用评价算法，实现主体交易信用信息管理、主体信用评价、主体信用综合查询分析。

- 智能匹配引擎采用制造服务搜索算法，通过关键字、结构、语义等方式实现制造服务的快速搜索，然后针对制造服务的功能、数据、服务质量和执行等方面，采用智能语义匹配算法实现制造服务供需的智能匹配。

- 交易协同逻辑引擎通过云制造能力交易描述语言和管理方法，对整个交易过程进行静态描述，实现交易实例的创建、运行、监控、异常处理及评价记录。

- 业务逻辑管理引擎通过对企业云制造能力交易过程的多层次、多维度综合建模，结合过程挖掘算法、相似性度量算法以及过程模型检索算法，采用相应的仿真分析技术，对交易过程的结构合理性、行为合规性、活动可调度性和过程成功率等方面进行分析，实现交易过程的在线演化和管理。

- 知识聚合与分类引擎基于数据挖掘和分析、行业知识聚合与分类算法，采用网络爬虫、NLP（nonlinear programming）等算法实现技术，建立制造行业知识库、语义分析、语义搜索和查询。

（B）云制造服务平台共性管理工具集

云制造服务平台的共性管理工具集主要为平台用户提供友好人机交互应用工具，实现平台的易操作性和功能的便捷性，包括统一用户管理、业务管理系统工具、系统管理工具和资源虚拟化工具等。

- 统一用户管理支持交叉分类、行业分类选择，支持单点登录，满足安全性、统一性和可扩充性的需求。

- 业务管理系统工具为多主体协同的可定制业务外包交易提供全生命周期管理功能，包括外包业务模板的定义、管理、智能推荐、分析、仿真和改进等，支持外包业务实例的部署、执行、监控、诊断、演化和优化等。

- 系统管理工具为搭建支持多租户、大容量、高并发、高可用的服务平台提供各项管理功能。

- 资源虚拟化工具实现主流计算资源、存储资源、网络资源、制造资源等物理软硬件资源的虚拟化集中管理和监控。

⑤ 云制造服务平台的服务和运行模式

如何针对企业云制造服务业务特点和制造服务资源特性等研究和建立可行的运行服务模式，是云制造服务平台进入实际应用阶段、实现制造资源的集成和共享需要突破的一个重要问题。根据企业的特点和需求，结合企业云制造服务业务提供方式、云制造服务资源类型、云制造参与角色构成方式、云制造服务商务和盈利模型，围绕分散资源集中使用，集中资源分散服务的云制造思想，在图 3-10 中建立了一套"222+2"的企业云制造服务和运行模式总体框架和组合思路，[]表示可任取其中元素组合；i、j 取 1 或 2。

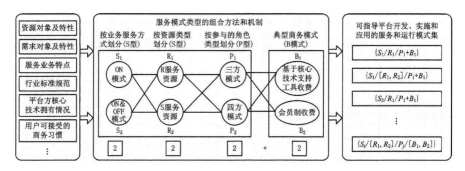

图 3-10　云制造服务和运行模式总体框架和组合思路

图中，"222"包括：一是纯在线云制造服务（ON 模式）、在线和离线相结合云制造服务（ON&OFF 模式）两种典型的云制造服务业务提供方式；二是 R 服务资源和 S 服务资源两种典型的云制造服务资源类型；三是三方（指资源提供方、资源需求方、平台运营方）云制造服务和四方（指资源提供方、资源需求方、资源集成服务方、平台运营方）云制造服务两种典型的云制造参与角色构成方式。"+2"是指以上典型云制造服务模式可采取基于核心技术支持工具收费模式和会员制收费模式两种典型商务和盈利模式。

以上组合思路需根据具体云制造服务业务特点、平台方核心技术拥有情况、制造资源特性等具体情况进一步个性化组合和配置，以指导相应的云制造服务平台的开发、实施和商业化运营。

⑥ 云制造服务平台应用体系架构

云制造服务平台的开发和运营商，在确定其服务领域后，可结合具体云制造服务的类型和特点，利用以上核心理论、标准规范、体系架构、共性引擎、共性管理工具、服务和运行模式等共性关键技术成果，开发和实施各具特色的面向行业和面向区域的云制造服务平台。

云制造服务平台的功能一般可包括统一用户管理、制造资源注册发布、制造需求发布、制造服务注册中心、制造服务撮合系统、制造服务交易管理、制造服务业务管理、业务信用评估与分析、行业性知识聚集与服务网络化社区、服务平台系统管理等功能。云制造服务平台应用的一种参考体系架构如图 3-11 所示。

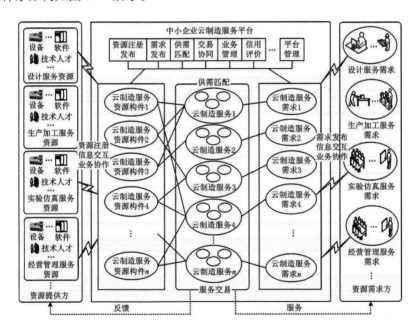

图 3-11　一种云制造服务平台应用体系架构

从图 3-11 可看出，在平台的支撑下，可实现企业制造资源的共享与整合，如企业有富余生产能力的设计服务、生产加工服务、实验仿真服务、经营管理服务等资源可通过平台进行虚拟化云端接入，基于网络提供云制造服务；同时，广大有服务需求的企业通过平台需求发布，供需匹配寻找到所需服务资源。

（二）关于基于协同云平台的制造资源和需求有效对接

1. 资源种类

云制造作为第三方运营服务平台，为制造用户和制造资源服务提供者提供专业的服务，由于云制造是以提供制造全生命周期过程的生产性服务为目的，具有分布性、多样性、动态性（实时性）、抽象性和异构性的特点，因此，从云平台第三方服务提供方的角度，将制造资源分为硬制造资源、软制造资源和制造能力。其中，硬制造资源包括物料资源、设备资源、硬件资源；软制造资源包括软件资源、知识资源、人力资源、物流资源；制造能力指制造过程中相关的论证、设计、生产、实验、管理和集成等能力。

（1）物料资源：在制造过程中生产某种产品所需要的原材料、毛坯和成品。

（2）设备资源：在制造过程中可以提供加工能力的物理设备，按照制造功能来分，制造设备包括机加工设备、冲锻压设备、焊接设备、热处理设备、电加工设备、铸造设备、特种设备和加工中心。

（3）软件资源：在制造系统的全生命生产周期中用到的所有软件资源，从功能的角度分为：①产品开发软件，如计算机辅助设计（Computer Aided Design，CAD）、计算机辅助工程（Computer Aided Engineering，CAE）、计算机辅助工艺规划（Computer Aided Process Planning，CAPP）、计算机辅助制造（Computer Aided Manufacturing，CAM）、产品数据管理（Product Data Management，PDM）、计算机支持的协同工作（Computer Supported Cooperative Work，CSCW）等；②经营管理软件，如办公自动化（Office Automation，OA）、物料需求计划（Material Requirement Planning，MRP）、制造资源计划（Manufacturing Resource Planning，MRPII）、企业资源计划（Enterprise Resource Planning，ERP）、供应链管理（Supply Chain Management，SCM）、关键路径法（Critical Path Method，CPM）等；③生产制造软件，如制造执行系统（Manufacturing Execution System，MES）、柔性制造系统（Flexible Manufacturing System，FMS）、分布式数控（Distributed NumericalControl，DNC）系统等。

（4）知识资源：包括制造工艺知识和知识产权资源，其中制造工艺知识

进一步细化为工艺知识信息、工艺能力信息、工艺过程信息、工艺卡片信息、典型零件加工工艺、工艺辅助信息等；知识产权资源可以分为发明专利、实用新型专利、版权、商标、商业秘密、专业技术等。

（5）人力资源：根据制造系统的知识结构，人力资源分为设计开发人员、技术人员、管理人员和营销人员等。

（6）硬件资源：在云制造环境下，服务器、存储器、打印机等资源也是制造资源的一部分，这种资源已经超出了传统制造资源的范围。

（7）物流资源：云制造环境下，由于制造资源的异地分布性，异地制造资源间的衔接导致了运输费用的产生，依据时间和成本的要求选取不同的物流运输，按照运输方式将物流运输分为铁路物流、航空物流、船运物流、汽车物流等，这种资源超越了传统制造资源的范畴。

2. 资源的虚拟化与信息集成

受地理分布、形态异构、需求多样的约束，制造企业所设计的资源模型都是相互独立的，资源在建模、描述、应用等方面存在异构性，协作的企业间缺乏统一、完整的资源定义与表达，导致企业之间在进行资源信息交换时产生信息缺失，在进行资源信息共享时产生资源语义冲突。将分布、异构、多样的云制造资源进行协同管理是云制造环境中实现企业间资源高效共享与有序协同的前提条件。

虚拟化是解决这一问题的有效途径。所谓的虚拟化技术，是指通过在物理基础设施与业务应用需求之间引入一个逻辑层，对两者进行解耦来隐藏底层基础设施的异构性，为业务应用需求提供动态按需的服务。虚拟化以多种形式存在，例如存储虚拟化、系统虚拟化、网络虚拟化等。对于企业制造资源，其虚拟化的本质是采用某种机制将底层的物理资源（即制造资源、制造能力）转换为抽象的逻辑功能单元（即云服务），将分布异构的资源映射为一个可动态伸缩的虚拟资源池，以实现企业间的资源全局共享与快速分配，支持企业间的无缝互操作。

由于互操作强调的是交互的实体间可以进行信息交换，并在信息交换的过程中保证信息语义的一致性，使得进行信息交换的实体间可以正确理解所交换信息的真正含义，并在此基础上进一步对所交换的信息进行应用。因此，一般来说，资源虚拟化分为语法和语义两个层次。语法层虚拟化负责对资源信息进行建模，建立的信息模型要准确全面描述资源特性，并且符合资源所在的应用场景；语义层虚拟化以表达资源语义为核心，为资源应用提供资源的含义及正确的使用方式，为协作的实体解决由隐式的意义、观点和假设的差异所引起的语义冲突。通过语法层信息可交换、语义层信息一致性，使资源能够全局流通，最大化资源利用率，并进一步使用虚拟资源管理技术为资源应用（资源发现、资源匹配、资源选择、资源调度等）提供必要的支持。

在信息集成方面，拥有信息系统的企业，可以直接通过接口实现企业内部信息系统与平台的对接，企业的制造资源和制造能力进行服务化封装，通过接口发布，从而实现资源共享。资源池分为公共池和私有池，公共池中的资源是企业所提供的面向互联网的公共服务资源，任何企业、单位都能通过云平台访问，私有池中的资源信息除了自己以外的任何单位不能访问。用户的本地计算资源如存储器网络设备等的接口信息放入私有池，设备、生产商的制造设备（生产加工铸造等设备）和软件资源（分析设计仿真等软件）通过虚拟机映像接入到平台，放入到私有池，设备、生产商将资源相关的数据信息（资源传感信息、数据文档、物料信息）放入公共池。

3．资源与需求的对接

在云制造中，资源服务的调用具有周期长、复杂性高、可靠性高的特征，这使得已有的服务组合方法不适合解决云制造中的资源服务组合，因此有必要研究适合云制造模式的、高度自动化的资源服务组合和动态优化方法，主要包括服务建模技术、服务发现与匹配技术、服务组合与业务流程生产技术、客户信息共享与协同业务过程管理等。

（1）制造服务建模

服务型制造协同平台的实现依赖于制造服务，制造服务建模是实现网络协同与集成共享的基础技术。制造服务建模本质上是制造资源及制造能力的信息化表示，可以从服务的基本属性信息、制造能力集合、接口集合和服务质量属性四个方面建立其形式化描述模型，采用拓展 OWL-S 描述语言构建制造服务本体，最终，制造服务注册中心实现制造服务的注册、发布和资源池的接入。其中制造能力集合表现为针对某一制造任务，选定制

造服务能提供的制造方法和制造资源，在一定的实时状态下，完成一系列制造任务，该定义能有效地避免由于单纯依赖于关键字检索、输入输出参数语义匹配等服务发现算法导致的查找准确率低等问题。

同时，扩展 OWL-S 描述方法能够描述制造服务的动态信息和制造资源的动态特性，通过对制造服务的基本信息、类别、服务质量、制造功能进行描述，通过服务模型实现制造服务功能，通过服务基点实现对制造服务的访问，通过 XML 文件对制造服务资源和关联制造任务的动态信息进行描述，并生成制造服务状态信息，形成 XML 文档，其相关信息可以通过集成的方式从企业内部的信息系统获取，并且描述中包含了制造服务 ID，从而与对应的制造服务相关联。

（2）服务发现与匹配技术

在基于云计算环境下的服务型装备制造中，各种信息资源极其繁多，如何让用户快速、高效地通过网络发现和寻找所需要的制造服务成为协同制造的重要问题，因此，需要建立一个准确高效的服务发现匹配机制，其中如何评价制造服务请求和制造服务能力之间的相关程度是核心问题之一，在此研究数值计算方法来度量这两者之间的相关程度，通过匹配函数寻找出目标子集。

目标子集 $U_H = \{U_A \wedge < Match(r, \ ms, \ A) \geqslant \omega_r\}$，式中：$U_A$ 为所注册的制造服务集合，U_H 为寻找的目标子集；A 为制造服务能力的描述；r 为制造服务请求；$Match$ 为衡量 r 和 ms、A 相关度的匹配函数；ω_r 为用户指定的阈值。

其中，$Match$ 的实现基于语义相似度，语义相似度取决于两个词语之间的共性和个性，根据科研人员建立的公式：$Sim(W_1, W_2 = \dfrac{a}{a + Dis(W_1, W_2)}$，式中：$Sim$ 为两个词语之间的相似度；$Dis(W_1, W_2)$ 中，W_1、W_2 代表节点在树中的距离；a 的含义为当相似度为 0.5 时的词语距离值。

（3）服务组合的业务流程生产技术

通过服务发现匹配机制，将会得到多组满足制造活动需求，但具有不同 QoS 参数制造服务，最终，必须从中选择一个具体的服务连接，形成一个可执行 QoS 价值最高的组合方案，实现服务组合优化。从全局效果上考虑，服务组合优化问题可看作为了解决在满足一定可靠度和信誉度条件下，实现执行费用极低、时间极短的全局最优目标，在服务聚合中实现QoS全局最优服务的动态选择算法。优化算法种类很多，以遗传算法为例，该算法基于目标遗传算法的智能优化思想，以服务组合过程中的执行费用和时间为两个目标准则，将每一个服务组合方案编码为一个染色体，通过染色体之间的交叉、变异等重组操作，产生具有更高目标准则值的新染色体，不断重复这一操作过程，最终得到一组满足条件的最优服务组合方案。

（4）信息交流与协同业务过程管理

为达成制造资源与需求的有效对接，客户的参与是不可缺少的，这也是服务型制造的核心。客户全程参与体现在制造过程的各个阶段，设计阶段，客户需与核心企业协商沟通，得到满足需求的产品设计方案以及包含制造流程、制造商、供应商等信息的制造任务详单；制造阶段，参与企业按照产品制造的实际情况分阶段上传产品制造状态让客户查看，同时，客户就所得信息提供反馈意见；在产品制造全部完成后，企业应将产品全部信息整理归类上传至平台交予客户，客户提供反馈信息和改良意见等；在产品售后阶段，客户能通过平台的订单信息得到技术培训、产品维修、产品升级改良等一条龙服务。为了实现以上客户的参与功能，应建立与客户间的信息共享机制。通过企业内部信息资源、基于制造网络的跨企业资源信息以及客户信息的整合与挖掘，及时准确地提供客户所需"产品+服务"的整体解决方案。

（三）关于基于协同云平台的设计

云制造作为一种面向服务的、高效低耗和基于知识的网络化智能制造新模式，可以通过网络为制造全生命周期过程提供可随时获取的、按需使用的、安全可靠的、优质廉价的各类制造活动服务。协同设计作为网络化制造的关键技术之一，一直得到广泛的研究和应用，而云制造技术的出现，给协同设计的研究带来了新的机遇。

1. 体系架构

面向协同设计的云制造平台至少需要满足两个基本要求：一是提供对访问和集成云制造平台中异构资源的支持，这些资源包括完成协同设计的所有资源；二是提供在虚拟合作伙伴间开展协同工作的支持。因此，协同

设计是构建于云制造基础设施之上的。由于面向服务架构（SOA）理论和技术实现手段的逐渐成熟，目前协同设计平台的实现多采用 SOA 架构。因此，设计一种基于 SOA 的云制造协同设计平台（CMCDP）的总体框架如图 3-12 所示。

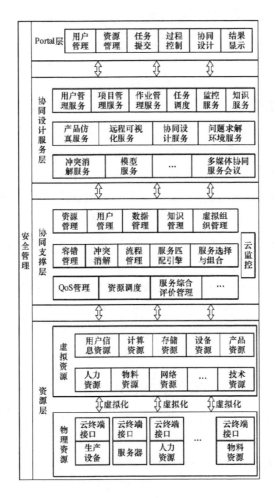

图 3-12　云制造协同设计平台 CMCDP 总体架构

第 1 层为资源层，提供协同设计过程中所涉及的各类资源，并通过采用相关虚拟化技术，将分散的各类异构资源虚拟接入到云制造平台，进行统一管理和调度。第 2 层为协同支撑层，将各种功能封装为可组合、可重用的服务，以标准的规范发布，并为第 3 层提供各种规范、约束和支撑。第 3 层为协同设计服务层，提供各种服务来满足协同设计的需求，并通过标准化的服务接口向用户提供。第 4 层为门户层（Portal 层），将各种服务和业务过程展示给最终用户，使用户能够通过一个熟悉、便捷的用户界面，以一致的操作方式来使用云制造协同设计平台和获取云服务。

2．主要功能

通过云制造协同设计平台将所需的分布在各地的各类组织资源（包括各类管理机构、制造企业、高校、研究院所、经销代理商、原材料供应商、全球客户等）联系在一起，形成完整的组织体系，如图 3-13 所示。

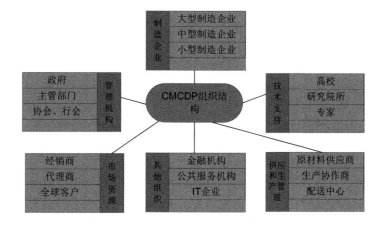

图 3-13 CMCDP 的组织视图

结合平台总体结构，云制造协同设计平台的主要功能如下：

（1）资源服务管理，负责对各种异构资源进行管理，如资源的发布、封装、检索、组合优化、监控以及服务质量（QoS）管理等。

（2）协同工作管理，负责协同设计任务的分解、流程建模、调度以及对参与设计的人员进行管理。

（3）协同设计过程管理，对协同设计过程进行监控，及时检测出协同设计过程中的各类冲突，并提交到冲突消解模块进行消解。

（4）冲突消解管理，利用相应的消解算法对各类冲突进行消解，保证协同设计的顺利进行。

（5）协同工具管理，提供设计人员进行协商和交流的通信手段，确保设计人员之间及时有效的信息交流。

（6）知识管理，对协同设计过程中涉及的各类知识进行管理，如实例类知识、规范类知识、设计原理类知识、经验类知识等。

这些功能模块结合在一起，相互作用，一个模块的运转能带动其关联模块的运转，并提供相应的服务和支持，增强协同效果。

3．详细设计

（1）静态信息

云制造协同设计平台的信息涉及内容多，范围广，结构复杂，包括企业信息、产品信息、技术信息、物资供求信息、人才信息、协同设计信息、评价信息、平台各类服务信息，以及其他信息等。对产品协同设计过程中产生的各类信息进行分析，给出平台信息视图如图3-14所示。

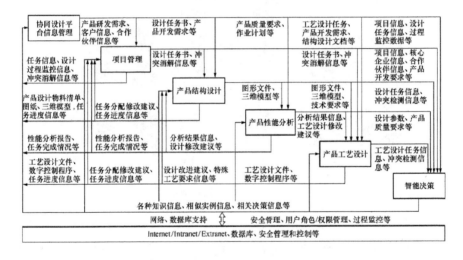

图 3-14　CMCDP 静态信息分析

（2）动态过程

CMCDP 的总体运行流程如图3-15所示，描述了各种资源、组织的交互过程，以及各个功能模块信息的流动过程。

4．关键技术

（1）面向服务架构（SOA）

SOA 是一种 IT 架构设计模式，它将应用程序的不同功能单元拆分为多个服务，并通过定义良好的接口和契约将这些服务连接起来，实现了网络环境下多个系统或应用程序间的松散耦合和跨平台交互。通过这种架构设计模式，用户的业务可以直接转换成可操作的、基于标准的、能被重新组合的、并能够通过网络访问的一组相互连接的服务模块。面向服务架构还可以为用户屏蔽掉运行平台及数据来源上的差异，从而使得 IT 系统能够以一种一致的方式提供服务。将 SOA 技术引入云制造协同设计平台中，系统能打破异构平台的限制，具备可移植性、开放性和可扩展性，实现松散耦合的协同设计。

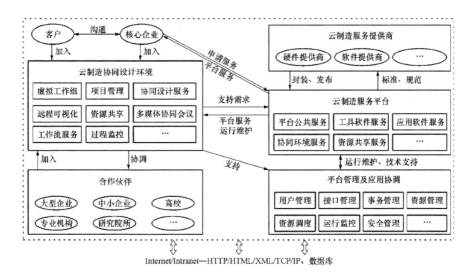

图 3-15　CMCDP 的总体运行流程

（2）资源管理

资源管理一直是制造业信息化建设中的关键点和难点。从本质上讲，云制造是一个集成制造资源和能力的环境，其中包含了许多异构的资源。针对资源的有效管理可从以下三个方面展开。

① 研究制造资源的描述模型，能够给出制造资源统一、完整的定义，消除遗留资源和资源间的语义冲突；能够涵盖不同种类的制造资源，解决制造资源种类繁多、形态各异的问题；能够充分考虑资源发现、融合和匹配的需求。

② 研究制造资源的封装和虚拟服务化方法，对大量物理类制造资源，以恰当的形式进行封装，屏蔽资源的异构性和地理分布性，使其成为网络

上可统一访问的资源。

③ 研究支持海量资源高度共享、快速搜索和易于更新的资源发现模型。

（3）资源服务智能匹配与组合

在云制造中，资源服务的调用具有周期长、复杂性高、可靠性高的特征，这使得已有的服务组合方法不适合解决云制造中的资源服务组合，因此有必要研究适合云制造模式的、高度自动化的资源服务组合和动态优化方法，包括：云制造模式下资源服务的特点；基于 QoS 建立有效的资源服务评价机制；支持服务组合的高效的资源服务优化选择算法；分析影响资源服务组合全生命周期中的各种相关因素，建立高可靠的、可重用的资源服务组合模型等。由于云制造环境下制造资源服务是分布的、自治的和动态的，资源服务的状态和性能也是可变的，在执行组合服务时，有些服务可能会因为已撤销、被占用或网络通信故障等情况而变得不可用，因此，还需要研究组合资源服务的动态绑定策略，即如何将具体的绑定在组合服务执行时动态完成，以及资源服务组合运行状态监测和执行控制方法，相应的容错处理策略（服务重试、服务替换和服务重构），以确保组合服务正确、高效运行。

（4）虚拟化技术

虚拟化技术可以将物理资源等底层架构进行抽象，使得设备的差异性和兼容性对上层应用透明。因此，可采用虚拟化技术将云制造模式下的制造设备、仿真设备、计算系统、软件等资源进行抽象。由于同一类型资源的不同虚拟化方法可能存在很大的差异，并且，资源虚拟化程度也可能对资源管理产生影响。在资源的虚拟化过程中，可针对资源不同虚拟化方法的性能开销进行分析，并根据业务逻辑和服务接口的需要，采取合适的虚拟化方法，将资源抽象成适当的粒度和层次，并提供统一的管理逻辑和接口。

（5）动态监测

云制造协同设计服务平台的动态监测主要包括三个方面，即资源的动态监测、协同设计过程监测和平台故障监测。

① 资源的动态监测

在统一的云制造平台上，管理着大量异构资源，如何对它们进行有效的动态监测以及管理、控制，是实现高质量服务的保障。该部分涉及的关键问题包括：便于扩展的监测支持架构，以满足不同种类资源的监测需求；高效且灵活的资源监测策略，以尽量少的资源开销实现有效的资源监控与状态预测；研究资源状态的智能管理技术，有效地主动监测资源的状态，并及时发现、诊断资源的故障等。

② 协同设计过程监测

该部分主要研究云制造模式下协同设计过程中概念设计、方案设计、详细设计等各个阶段产生冲突的原因、特点及类型，开发适合新模式下的智能冲突监测模型，及时有效地监测设计过程中的各类冲突。

③ 平台故障监测

建立多级监控模型，研究不同级别的故障检测方法，实现自动监控和判断各种险情，并对可能发生的故障进行预警。针对各种不同级别的故障，研究相应的容错、迁移和恢复策略，及时排除故障，确保平台的不间断运行。

（6）冲突消解

产品设计过程是一项复杂的系统工程，协同设计过程中不可避免会产生冲突，并且冲突的种类繁多，在产品设计中，依靠单一的冲突消解方案不可能全面解决各种复杂的冲突。因此，需要研究云制造模式下协同设计中冲突产生的原因、特点和类别，并在当前冲突消解研究现状的基础上，开发适合云制造协同设计平台的冲突消解模型，建立完善的冲突管理机制。

5．平台的应用

在云制造模式下，客户无需寻找协同设计环境服务的提供方，只需要向云制造协同设计服务平台提交需求，由服务平台去组织资源，提供满足要求的服务，并自动分配相应的资源来完成设计工作。云制造协同设计平台资源服务请求运行模式如图 3-16 所示，资源提供商通过网络，在平台资源发布模块注册发布资源、制造服务等，平台将资源封装成相应的服务并保存到资源服务中心；资源请求者通过平台门户网站描述协同设计任务，确定任务执行需要的资源环境；平台对资源请求者提交的任务进行分解、解析、资源服务匹配、资源服务组合优化，并将最优的资源服务提供给资源请求者。

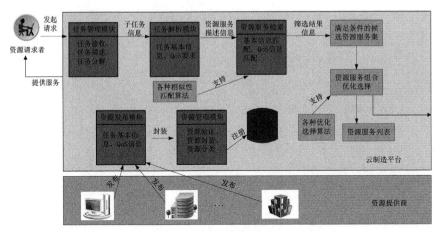

图 3-16　CMCDP 资源服务请求运行模式

　　虚拟机是在软硬件之间引入虚拟层，它能屏蔽硬件平台的分布性和异构性，支持硬件资源的共享和复用。虚拟机可以作为一种标准的部署对象，能为应用提供独立的运行环境。因此，针对云制造用户提交的服务请求，云制造平台通过相应的发现策略可将找到的符合资源服务请求的资源集合，也就是将满足请求条件的一组资源服务映射（封装）到一个或多个虚拟机中，并提供给用户统一的访问接口，用户便可在平台提供的虚拟协同设计环境下进行产品的协同设计工作，如图 3-17 所示。

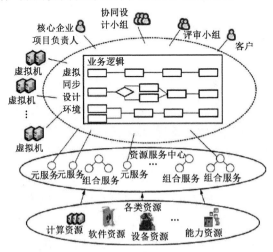

图 3-17　虚拟协同设计环境下的协同设计过程

（四）关于基于协同云平台的制造

基于协同云平台的制造类似于协同设计过程，在协同制造理念下，企业生产运营的各个阶段是并行和协作进行，其企业信息化管理技术也由协同平台统一管理，互相配合、资源共享，并行的完成各项工作的协作，下面简要介绍协同制造的若干业务流程。

1．核心企业与供应商协同关系模型

核心企业与供应商进行业务往来是以项目为载体，通过协同云平台成立虚拟项目团队，各自在团队中担任角色，在项目负责人的统领下从事具体的外购外协工作，协同关系的建立如图 3-18 所示。

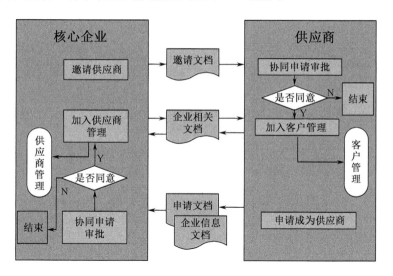

图 3-18 核心企业与供应商协同关系模型

协同关系的建立有两种情况，一种是由核心企业基于某一项目发起协同关系邀请，供应商作为被邀方通过审批再确定是否和核心企业建立协同关系。如果供应商接受邀请，则将消息反馈给核心企业，核心企业将该供应商纳入供应商管理系统，而核心企业成为供应商的客户后，纳入供应商的客户管理系统。另一种情况是供应商主动申请成为核心企业某项目的参与供应商，核心企业通过对该供应商的评审，确定是否接纳该供应商成为某项目的参与厂商，如果接受其申请，则将该供应商纳入供应商管理系统。

2．制造过程业务

协同制造管理主要包括外协生产和采购两种过程的管理。核心企业在协同制造的管理主要通过外协计划的协同制定、外协外购订单的发放、订单的执行过程管理、协同能力共享等进行，因而核心企业生产计划的制定更加合理，能使企业生产计划顺利进行。

核心企业与供应商进行外协生产过程的业务流程如图 3-19 所示。核心企业生产部门根据物料需求计划，分别对所需零部件制定外协生产计划，在制定的过程中，需要了解外协供应商的外协生产能力，在与外协供应商协商之后，制定出外协订单。外协供应商在接到订单后，按照订单要求制定自己的生产计划，并将生产计划反馈给核心企业。在外协供应商生产过程中，还要对自己的生产进度进行评估，若受到某些因素的影响，不能按计划完成，则即时反馈，核心企业根据实际情况重新调整外协计划。

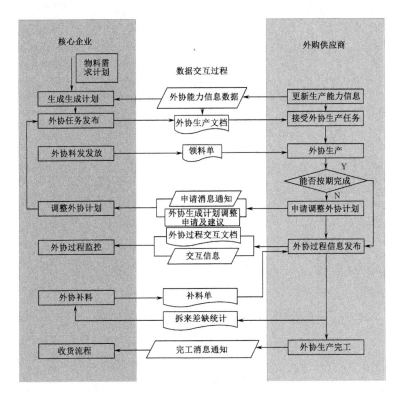

图 3-19　外协生产过程的业务模型

3．外购过程业务

核心企业与供应商协同外购业务流程如图 3-20 所示。核心企业的生产部门通过物料需求计划，生成相应的采购计划。在针对某物料形成采购订单之间，先了解联盟内供应商的物料库存情况以及生产能力状况，再制定采购订单发放给供应商。供应商接到订单后，制定出供货计划，并发放给核心企业。若供应商接受订单后，发现自己由于某些原因，供货不足，则将信息反馈给核心企业，核心企业根据实际情况调整采购计划。核心企业在备货、组织生产过程中，通过供货模版上的某些监控节点，向联盟各企业发送备货信息。在供应商向核心企业供货过程中，核心企业也可能通过向供应商获取实时的供货信息，对物料的在途情况进行掌握。

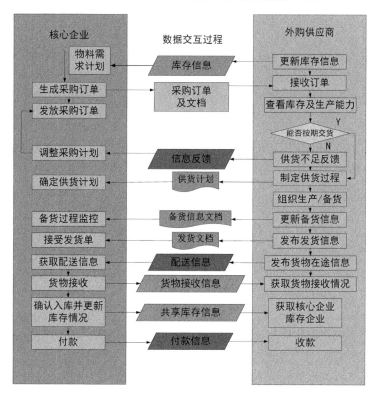

图 3-20 核心企业与供应商协同采购过程业务模型

（五）关于全生产链协同共享的产品溯源体系

1．产品溯源体系的概念

溯源，又称追溯，本意是指追根溯源，根据线索追踪和探寻事物的本质或渊源。在质量管理领域，ISO9001 规定溯源是通过记录的标识，追踪产品目标对象的历史、应用或位置的能力。比如，欧盟委员会将食品追溯定义为，在生产、加工及销售的各环节中，对食品、饲料、食用性畜禽及有可能成为食品或饲料组成成分的所有物质的回溯能力。体系，是指相互关联或相互作用的一组要素构成的有特定功能的有机整体。

综上，产品质量溯源体系是指以实现对某些产品的历史、应用或位置"正向可跟踪、反向可追溯"为目标，建立的由涵盖产品生产、检验、储运、销售、消费、监管等各环节的信息记录、存储、跟踪系统组成的有机整体。其目的在于通过体系的运转，实现对产品来源可追溯、生产可记录、去向可查证、责任可追究。

从产品运行过程来看，一个产品从原料进厂到生产加工，直至消费者购买使用，包含了产品的原料供应、生产、检验、运输、仓储、销售、消费等多个环节，涉及供应商、生产者、销售者、消费者、政府部门、行业组织、技术机构等诸多方面。因此，产品质量溯源体系是一个宏观的概念，也是一个复杂的系统集成。该体系由基础保障系统和产品质量追溯系统共同组成，其中，产品质量追溯系统是整个体系的重要组成部分，是确保体系有效运转的核心和关键。

2．产品溯源系统

产品溯源系统是指在产品生产、销售、消费、监管等各环节，对产品的相关信息进行记录、存储的质量保障系统。其实质是将零配件生产供应链中的供应商、生产商和整车厂都纳入到系统管理的范围，通过采集零配件产品供应链中相关企业的原料、生产、加工、包装、配送、销售的相关信息，并将采集的信息及时保存到数据库中，管理人员通过系统能够及时掌握产品生产信息和产品物流信息以及各环节的相关质量安全数据。当产品出现质量问题时，能够对产品进行前向追溯和后向追溯，系统结构如图3-21 所示。

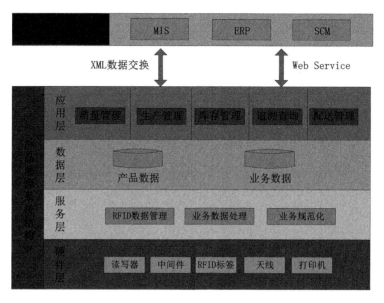

图 3-21　产品溯源系统结构

　　系统层次结构中的硬件层主要包括 RFID 读写器、RFID 中间件、RFID 标签、天线、条码打印机，其中 RFID 读写器包括固定式读写器和 RFID 手持终端。服务层包括 RFID 数据处理、业务数据处理、数据规范化三大模块，业务数据处理模块中包含了产品数据、企业基础信息的维护以及生产业务信息的处理。数据规范化处理是对终端采集的数据进行规范化处理，使数据符合数据库存储的要求。数据层则包括产品数据和业务数据，企业的产品数据、业务数据都保存在企业数据库。应用层可实现企业的质量管理、生产管理、库存管理、追溯查询、配送管理等追溯管理和企业内部管理应用。此外，通过应用 WebService 技术，统一使用 XML 数据格式零配件追溯系统能够与企业内部其他信息系统（如 ERP、WMS）或上下游供应链的应用系统实现信息交换与共享。

　　产品溯源管理系统的功能如图 3-22 所示。

　　（1）基本数据维护

　　产品溯源的基本数据包括使用人员基本资料、部门基本资料、程序权限设定，产品系列基本资料，代码基本资料等。这些资料在 ERP 系统已经存在，产品溯源系统完全使用这些基本资料。所以，不需要在此系统中额外处理。

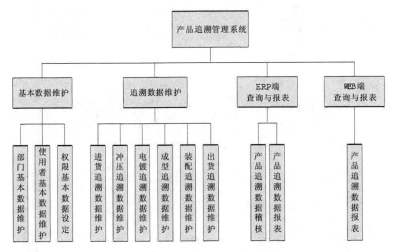

图 3-22　产品追溯管理系统

（2）溯源数据维护

产品制造过程的每个阶段需要维护的数据都是不尽相同的，且每个阶段对数据的管控也不相同。为了方便不同单位用户的查询和使用，以及对程序代码的后期维护管理，应将溯源维护依工段单独设立，每个维护程序都包括主资料输入、明细资料输入、查询、资料确认、取消确认等功能。

① IQC（进货）追溯数据维护

记录产品采购入库验收资料。主要有入库单号、入库料号、版次、入库数量、厂商代码、环境物质检验单等。作为一次送货入厂的物料，所做的品质检验只算一次，但因入库的时间和数量不同，而产生不同的批号。在入库的断定上有四种情况，A（合格）、W（特采）、S（挑选）、R（退货）。

② 生产段追溯性数据维护

主要有入库单号、入库料号、版次、数量、入库批号、生产日期、灯号管制、环境有害物质、样品会签单、发料料号、发料批号等。如果发料料号是委托其他工厂加工的，则需要增加委外加工的验收单号。

③ OQC（出货）追溯性数据维护

记录出货单对应成品入库单的明细资料。主要有出货单号、出货日期、出货客户、出货料号、入库单号、入库批号等。针对同一客户的单个出货单可能会有多个出货项次，分别对应不同的料号，而每个料号则可能对应到多个入库单号的不同批号。

（3）产品追溯基本数据查询与报表

根据入库单、产品料号、批号等模糊资料可以查询到相关的IQC、生产段各工序、OQC等明细数据。这种查询可以直接在各追溯数据维护程序中实现。

① 追溯资料稽核报表

查询出 ERP 系统中的采购验收入库单，各工序生产入库单以及出货单，再对比产品追溯系统中的资料。由稽核部门运行此报表，查看追溯资料是否有输入遗漏或错误。以保证追溯资料能准确，及时地输入追溯系统。

② 产品溯源查询与报表

可以根据入库单、产品料号、批号等查询资料追溯到它的多层上阶，多层下阶资料，实现完整的产品追溯功能，从而展现某个产品某个批号的生产链，实现对产品生产的全过程查核。

3．产品质量溯源云平台

前面所述的产品溯源系统是基于单平台实现的，定位于面向企业或行业内部的功能性管理系统。随着市场需求与技术的发展，质量追溯目前正在发展成一个新的产业，迫切需要从产业链的视角出发，能够提供专业的检测认证咨询、产品追踪溯源、产品大数据分析等的产品质量溯源云平台，从根本上提升产品质量溯源的服务效率和服务满意度，推动提高产业整体运营效率。

（1）建设目标

质量溯源云平台从整体上分为信息网络应用体系和运营管理保障体系两部分，其中，网络应用是主体，运营管理是保证，二者缺一不可，具体建设任务如下。

① 平台信息网络应用体系

统一服务窗口、提高服务效率、实现资源共享、强化业务管理，成为提供全方位便捷服务的门户、贯彻管理体系的手段和体现服务水平的窗口。

- 建设标准化的云计算支撑平台，包括面向服务的基于云计算的技术架构、统一认证平台、检验检测数据交换与共享平台，以

及其他软硬件基础设施和面向业务层、数据层的行业规范标准，为相关合作单位及社会范围内的检验检测机构提供标准外部访问接口。

- 建立完善的IT服务保障体系，主要指运用ITIL/ISO20000最佳实践原则，建立一套IT服务管理流程和一套IT运行维护保障机制，以及相应的安全保障措施，充分保证平台的可用性、稳定性、安全性和可持续性，包括 IT 服务管理流程系统、IT 运行维护保障体制、安全防护保障体系等。

- 建立市场化的检测认证服务平台，为广大企业和公众用户提供统一、便捷的访问渠道，使其不仅可以获知检测服务平台提供的服务目录，了解各项服务的内容和细节，包括检测流程、检测时间、检测收费标准等，而且还可以直接进行检测服务交易、提交检测需求、查询服务进程。同时通过平台提供的公共服务，为企业创造良好的创新、创业孵化环境。

- 建立可视化的产业大数据分析平台，全面准确地评估效益，从全局角度进行分析，将检验检测认证工作量分为社会效益和经济效益两部分指标进行评测，涵盖资产效能分析（资产综合使用状况的统计分析结果）、业务发展数据分析（各业务收益比的统计分析结果）、效益评估（社会效益和经济效益）、KPI指标等评估内容，以及对平台未来发展提供参考借鉴的决策分析内容，并以可视化的图形图表直观表现，有效体现工作价值。

② 建立平台运营管理体系

- 确立平台的管理结构和组织架构，为平台的长期健康发展打下坚实的基础，促进平台上的各个成员单位与平台共同持续发展。

- 建立标准化的平台运营管理机制，建立起一套适合检测业务和各类检测认证机构、具有较强吸引力和竞争力的平台运营管理机制，为增加服务手段、丰富服务内容、拓展服务渠道、提升服务水平、塑造服务品牌、保持服务的公益性及促进平台可持续发展，建立一套良好的商业模式、运营机制和提供前瞻性规划。

- 建立检测认证资源和共享数据库，通过采集和整理产业集聚区检测认证资源库和检测共享资源库，完成检测认证共享资源服务目录和检测服务目录的编制工作，为应用系统的建设打下良好的基础。

- 建立保障平台公信力的质量管理体系，有效地控制检测服务的过程，确保公共检测服务平台的公信力，保障检验检测客户的根本权益。

- 建立合理规范的平台业务管理体系，梳理和确定互联网检测服务的业务流程，制定平台管理的规章和制度构筑多主体参与、多元化业态检测服务平台的业务管理体系，通过梳理检测服务的业务流程，对整个服务流程进行优化，制定标准、统一、规范和有效的检测服务业务流程；为平台的管理制定基本的规章和制度，推动检测技术机构业务管理的合理化、规范化，从而更好地为用户进行服务。

- 建立高效量化的平台效益评估体系，通过对检测服务、检测业务、检测资产间相互关系的研究，建立科学、有效的检测服务、检测业务、检测资产评估模型、评估指标和评估方法，实现对检测服务、检测业务和检测资产的有效评估和效益分析。评估管理体系能够真实地反映检测资产的价值量及其变动，提高检测资产的营运效益，实现对增量检测资源投入的科学决策，推动检验检测资源的优化重组和整合利用，促进检测机构专业化和规模化发展布局的形成。

③ 平台主要技术与性能指标

- 唯一性：每件产品都拥有一个独立的编码，这完全克服了"一致性"问题，从根本上根除大规模伪造的可能。

- 双向性：企业和消费者之间建立了可操作的联系，消费者要知道商品真伪，通过电话、手机、网络便可知道。同时对查询信息反馈的统计，可帮助企业制定营销策略。

- 一次性：每件产品与防伪码复合在一起，只能一次使用，一经使用即被破坏。

- 易辨性：虽然此种防伪方式是由多种高科技技术手段所组成的，但对消费者来说，只要通过手机、电话便可知道，无须任何专业知识、特殊途径或专用设备。

- 多样性：通过产品身份信息码，可追溯单件产品的整个生命周期信息，不仅为企业提供品牌保护（防伪）、审货管理等功能，更能帮助企业实现产品质量追溯、产品流向追溯、人员管理追溯、仓储管理追溯等全面追溯功能。

（2）信息服务平台

平台信息系统的建设内容可概括为"123"工程，即：1个云服务管理支撑体系；检测认证信息资源和检测认证共享资源2个资源库；业务综合服务平台、大数据分析平台、IT服务支撑平台3大应用平台。这里主要介绍平台信息系统总体架构（见图3-23），其他从略。

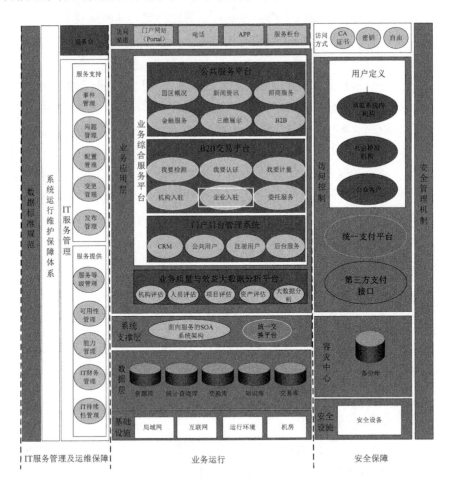

图 3-23　信息网络平台总体架构

平台采用云服务模型架构，主要由基础设施层、数据及资源存储管理层、系统支撑层、业务应用层、运维服务层等五层构成。

① 基础设施层

项目建设需要良好的网络、硬件支撑，在项目建设过程中会对已有网络、IT 基础设施，包括网络、主机、存储、安全、备份/容灾等基础资源进行整体规划和再建设，使之形成以主机、存储设备为主体，以优化的网络为依托，并辅以完善的安全解决方案，形成对平台服务体系完善安全的软硬件支撑环境。其主要包括基础网络、基础平台服务器群、应用服务器群、数据存储中心交换网络、数据交换服务网络、容灾备份系统、信息安全设备及数据机房建设。

② 数据资源层

数据资源层在云架构基础上建立，以云服务提供的交互数据为依托。数据资源层将各类数据信息协同整合为信息资源中心，为上层各种云计算服务平台提供基础信息的接口。

数据资源层包括各类基础信息数据库、分类主题信息库、数据采集数据库、交换数据库以及各种业务数据库等，数据库同时从基于 SOA 的数据操作平台得到其他应用模块的交换数据，将各种数据集交互汇总为数据仓库，进行分析整合。

数据资源层主要由基础数据中心、数据采集系统、数据交换系统、数据分析系统组成。

- 基础数据中心。基础数据中心主要是对系统采集到的各基础数据进行标准化，然后分类存储，为各类信息的分析、共享、利用提供服务。基础数据中心建设主要包括：数据标准规范制定、资源数据库、统计查询库、资源交换数据库、行业知识库、交易数据库建设等。基础数据中心的另一个重要功能是数据比对，通过数据比对实现数据的统一，生成公众基础信息数据库，形成公众基础数据之间的对照索引表，提供数据资源维护、数据导入、数据比对、统计分析等功能。

- 数据采集系统。数据中心的一个重要功能是数据的采集，综合数据服务平台支持手工导入、直接采集和业务系统搜集三种方式。通过数据采集功能，实现各应用系统的数据采集和汇总，通过对

检测认证产业园区基础数据进行统一采集和比对汇总，生成基础信息数据库。通过与数据交换平台的协作实现多级数据的上报和维护，数据采集系统还能解决历史沿革中积累的大量数据。

- 数据交换系统。数据交换应该是一个可以扩充、方便维护、通用的工具软件，实现异构的内部业务系统之间的数据交换、内网和外网之间的数据交换、与第三方平台的数据交换等功能。

- 数据分析系统。采用联机数据分析系统（即 OLAP 技术）解决多维数据的稀疏和数据聚合问题。通过丰富灵活的数据展现方式，使相关数据需求者很方便地分析得到所需要的信息内容，快速而准确地进行决策，更好地为用户服务。

③ 系统支撑层

系统支撑层是连接平台应用层与数据层的中间层，平台采用虚拟化技术从技术资源、网络资源和存储资源三个方面架构云服务平台，采用统一的交换平台与其他第三方服务平台进行异构数据交换。从而全面提高资源共享度和交付灵活度。在该层主要采用中端小型机，使用高级虚拟化模式，在兼顾可靠性和高性能的同时，提高分区的灵活度，满足快速部署的需求，如图 3-24 所示。

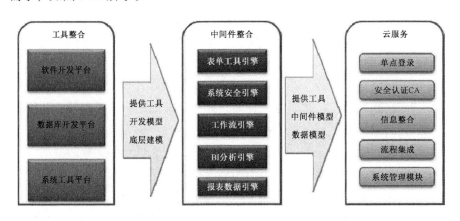

图 3-24　支撑层示意图

支撑层利用各种软件开发工具、数据库系统工具，结合数据层和业务层的内容，完成统一中间件的开发部署，包含系统安全引擎、工作流引擎、BI 分析引擎、报表数据引擎、表单工具引擎；各种引擎在对应整合各种服务的同时，满足下一层（服务应用层）的各类业务在工具、数据方面的需求。

同时，系统支撑层与服务应用层混合云紧密耦合，形成从中间件到各种应用服务云的业务数据关联。

④ 业务应用层

业务应用层为整个体系提供了各种服务的集成，包括个人服务、企业服务等多个业务分别对各自业务数据进行处理及整合，并完成单点登录、安全认证 CA、信息整合、流程集合、运行绩效等综合性聚合操作。

⑤ 运维服务层

运维服务层为平台建设与运营提供 IT 管理保障体系和安全运维体系。IT 服务管理体系通过统一的服务支持系统对用户交易交互进行全程服务，如事件提醒、物流跟踪、服务跟踪、问题监督、处理反馈等，以此完善服务标准化建设。安全运维体系主要包含网络安全系统及相应的安全运维管理制度。

（3）应用方向

① 政府级应用

主要是面向政府监管单位，为政府单位提供包括过程追溯、质量管控、产品召回等基于单件产品监管的精细化解决方案。

② 企业级应用

企业级云追溯管理平台，主要面向产品生产企业、商品流通企业用户，为企业提供物料溯源、生产管理、品质管控、进销存仓储管理、销售流通管理、客户服务管理等基于一物一码的单件产品的数字化管理解决方案。

③ 消费者应用

基于移动互联网、现代通信以及物联网编码技术，主要提供产品身份信息或类似功能的数据验证与识别服务。可以提供查防伪、查物料、查积分、查价格、查生产期、查保质期、查经销商、查商品码、查二维码、查快递号等方面的综合云信息技术服务，目前，开通了电话查询、短信查询、网络查询、微信查询、二维码查询、APP 客户端查询等多种方式。

4．产品溯源体系特点

通过以上阐述可以看到，产品溯源体系在建设和使用上具有以下特点。

（1）政府部门是主导。作为一个复杂系统的集成，产品质量追溯系统往往涵盖了原料供应、生产加工、仓储运输、销售服务、检验检测、行政监管等产品涉及的各个环节。任何一个环节的失灵，都有可能造成追溯的中断和停顿。因此，要保证系统的完整和有效运转，就必须将不同企业的内部追溯系统和各部门的外部追溯系统有序对接、紧密相连。这在客观上就要求做好平台搭建、资源整合、标准制定等工作，从而形成覆盖全社会的统一、标准、开放的产品质量追溯体系。从目前情况看，只有承担社会管理职责的政府部门具备这一能力和条件。

（2）生产企业是核心。企业内部追溯系统中，生产企业扮演着重要角色，发挥着关键作用。一方面，产品由生产企业生产，原料供应商、销售商、消费者等参与方均围绕产品与生产企业形成关联，并由此成为追溯系统组成的一部分。另一方面，追溯从根本上需要依托企业的产品信息展开，脱离生产企业，追溯系统的建设将成无本之木、无源之水。

（3）产品信息是关键。从实践来看，产品信息是建设溯源系统、实现溯源功能的基础。就产品质量追溯系统而言，产品信息将彼此独立的内外追溯系统有机联成整体。离开了产品信息，各个子系统将各行其是，整个大系统将松散无序。因此，产品信息是建设产品质量追溯系统的基础，是实现产品质量正反向溯源的关键。

（4）体系建设要集成。完整的产品质量追溯系统由众多的企业内部追溯系统和产品外部追溯系统紧密相连，共同组成。只有各系统间有效衔接，整个系统才能趋于稳定并有效运转，最终实现对各环节产品信息的正向跟踪和反向追溯。

（六）关于云平台的信息安全保障

1．信息安全技术

信息安全是对信息系统、信息固有属性的攻击与保护的过程。它围绕着信息系统、信息及信息熵的机密性、真实性、可控性、可用性这四个核心安全属性，具体反映在物理安全、运行安全、数据安全、内容安全、信息对抗等五个层面上，信息安全关键技术如下。

（1）安全芯片

安全芯片就是可信任平台模块，是一个可独立进行密钥生成、加解密的装置，内部拥有独立的处理器和存储单元，可存储密钥和特征数据，为电脑提供加密和安全认证服务。用安全芯片进行加密，密钥存储在硬件中，被窃的数据无法解密，从而保护商业隐私和数据安全，安全芯片也包括自主研发的国产化 CPU、SOC 及 ASIC 专用芯片。

（2）安全操作系统

安全操作系统是指计算机信息系统；在自主访问控制、强制访问控制、标记、身份鉴别、客体重用、审计、数据完整性、隐蔽信道分析、可信路径、可信恢复等十个方面满足相应的安全技术要求。安全操作系统也包括自主开发的嵌入式计算机操作系统。

（3）密码技术

包括密码理论、新型密码算法、对称密码体制与公钥密码体制的密码体系、信息隐藏技术、公钥基础设施技术（PKI），以及消息认证与数字签名技术等。

（4）信息安全总体技术

主要包括系统总体安全体系、系统安全标准、系统安全协议和系统安全策略等。信息安全体系包括体系结构、攻防、检测、控制、管理、评估技术，大流量网络数据获取与实时处理技术（专用采集及负载分流技术等），网络安全监测技术（异常行为的发现、网络态势挖掘与综合分析技术、大规模网络建模、测量与模拟技术），网络应急响应技术（大规模网络安全事件预警与联动响应技术、异常行为的重定向、隔离等控管技术），网络安全威胁及应对技术（僵尸网络等网络攻击的发现与反制技术、漏洞挖掘技术），信息安全等级保护技术等。

2．工业信息安全技术

（1）工业云安全技术

云安全包括虚拟化安全、数据安全、应用安全、管理安全等。

① 数据安全

保存在云服务系统上的原始数据信息的相关安全方案，包括数据传输、数据存储、数据隔离、数据加密和数据访问。

② 应用安全

- 终端安全：用户终端安全软件。

- SaaS 应用安全：为用户提供应用程序和组件安全。

- PaaS 应用安全：保障平台软件包安全。

- Iaas 应用安全：用户需要对自己在云内的所有安全。

③ 虚拟化安全

- 虚拟化软件产品的安全。

- 虚拟主机系统自身的安全。

（2）工业物联网安全技术

① 物联网信息采集安全

- RFID/EPC 技术安全。

- 传感器网络的基本安全技术，包括基本安全框架、密钥分配、安全路由、入侵检测和加密技术等。

- 物联网终端安全。

② 物联网信息传输安全

常用的安全措施有身份认证、数据访问控制、信道加密、单向数据过滤和加强审计等。

③ 物联网信息处理安全

- 中间件技术安全。

- 物联网数据安全技术。

- 物联网个人隐私保护。

（3）工控系统安全技术

① 工业控制系统安全风险分析、评估技术、威胁检测技术，大数据分析、漏洞挖掘技术。

② 工控系统信息安全体系架构及纵深防护技术。

③ 工控系统信息安全等级保护技术（构建在安全管理中心支持下的计算环境、区域边界、通信网络三重防御体系）。

④ 本质安全工控系统关键技术（安全芯片、安全实时操作系统、安全

控制系统设计技术）。

⑤ 可信计算应用技术（可信计算平台技术、可信计算组件、可信密码模块应用技术）。

3. 工业云平台信息安全防护框架

在企业云制造信息平台中，系统用户和信息资源高度集中、业务逻辑关系十分复杂，所以对用户数据的存储、传输和处理的安全防护显得十分必要。在制度规范的框架下，根据信息资源的安全等级为基础进行安全域划分，依权限对用户及资源进行管理是企业云平台安全防护的通用做法。首先将用户接入、网络传输和业务应用从安全域的角度划分为用户安全域、网络安全域和计算安全域，从制度和规范化角度再去进行权限划分和资源分类。然后以用户为核心，通过整合身份识别、权限绑定和策略下发，将安全域相关的制度和规范进行技术转换。通过将安全策略下发至各种安全设备和安全系统，从物理安全、主机安全、网络安全、应用安全和数据安全五个方面来保障云平台在存储、传输和处理信息过程中的安全性、完整性、可用性和可靠性。

企业云平台的安全域，根据应用类型划分成不同级别的计算安全域，根据不同计算安全域对应的用户群体划分成不同级别的用户安全域，根据应用和用户在网络承载方面的要求，分成不同级别的网络安全域。另外，按照物理安全、传输安全、运行安全和数据安全四个方面进行安全防护设计，其中物理安全由云平台数据中心提供；传输安全从链路选择、链路加密等方面进行设计；运行安全从网络、主机、应用三个层面进行安全运行防护，防护的措施主要包括边界执行点部署、安全检测、安全监控、安全策略执行、安全事件处理、安全审计等方面；数据安全主要通过身份鉴别、访问控制、数据库备份和审计等方面来实现。

（1）安全域的划分

对企业应用系统安全域的正确划分是保障系统安全的重要措施。当前，安全域的划分主要从用户、网络和应用三个层面来设计，并且三个层面安全防护相互关联，由统一的安全策略来管理。

① 用户安全域

根据计算安全域的划分，可以将用户也进行关联区分。首先是使用专

网计算安全域业务的用户，通过网络层的身份认证和安全检测来进行防护；对于使用公网计算安全域业务的用户，则通过业务系统自身的认证功能进行防护。

② 网络安全域

企业的云计算网络都会分成专网区域和公网区域，但是业务应用，用户都是按照云平台的方式来设计的，因此不能单纯地从应用和用户的角度来区分网络的安全域。在这里依据云计算基础网络承载的线路类型，可将关系到整个云平台正常运行的数据中心网络作为独立网络安全域进行建设，而对于仅涉及部分用户或者部分业务应用专线、互联网等云平台外部网络作为独立网络安全域进行建设。

③ 计算安全域

一般来说，企业完整的应用系统会分为内部业务和外部业务。内部业务由于其涉及的业务范围面较广，业务的重要程度较高，因此设计成独立计算安全域。由于内部业务应用仍然有不同的安全防护需求，因而内部业务安全域划分需要进一步细化。而外部业务虽然其涉及的业务范围很广，但是其业务内容主要是提供一些信息查询服务，业务重要程度相对较低，所以设计成低级别防护计算安全域。

（2）安全防护的划分

从整体上看，企业云平台的安全防护分成权限授权、边界防护、数据审计、业务防护四个层次，关联过程描述如下。

① 权限授权

权限授权的策略执行点为核心防火墙。当用户接入到云平台数据中心，并通过了边界安全检测后，由防火墙划分访问的权限，实现不同的用户安全域对不同的计算安全域访问，同时为了能够将访问权限下发到个人，防火墙的授权要和安全认证系统进行联动。

② 边界防护

网络边界防护分为外部网络边界防护和内部服务边界防护。外部网络边界防护的策略执行点为出口防火墙，由于广域网和云平台数据中心内部网络属于不同的网络安全域，因此，用户从广域网进入云平台数据中心时，需要通过出口防火墙的安全检测。另外，属于内网的用户安全域和互联网的公共用户安全域在广域网的边界也需要部署边界防火墙，为了能够将安全事件定位到个人，在这里防火墙的安全策略要和安全身份认证系统进行联动，实现安全域访问控制、域间安全规则控制和自由测准。内部业务服务器需要根据不同的安全级别进行边界隔离。

③ 数据审计

数据库审计的策略执行点为数据库审计系统，当用户通过应用系统访问数据库时，数据库审计系统能够记录访问及操作行为。同时为了符合信息安全系统等级保护的相关要求，需要通过安全身份认证系统来实现关键业务数据的实名审计。

④ 业务防护

业务防护的策略执行点为虚拟专用网网关、Web 应用防护和入侵检测系统。当一些个人和机构通过互联网的拨号接入云平台时，虚拟专用网网关提供安全远程接入业务，需要通过虚拟专用网网关与安全身份认证系统联动，实现虚拟专用网账号与用户身份账号统一，避免进行多次身份认证。对于基于互联网公网的防护，主要集中在门户网站等公共服务业务，因此，需要针对公网业务配置专门的 Web 应用防护策略。

以上四个层次的安全防护中，安全防护策略执行点都会与安全身份认证及管理系统联动，通过统一的策略配置、动态下发，来确保云平台安全防护的完整性和有效性。

（3）统一安全策略管理

在云平台的安全防护体系中，为了消除各个硬件设备在安全防护功能上的"安全孤岛"，需要在各安全设备和系统之间建立必要的关联。因此，在企业云平台建设中，要部署统一的安全策略管理平台和以用户身份为核心的整体安全防护体系。安全管理平台将用户与应用访问权限进行绑定，然后将定义好的不同类型安全策略下发到各个安全设备上执行，以此来对用户访问应用系统的整个过程进行防护和控制。这种全局层面的安全防护体系，在降低了安全防护策略部署难度的基础上，大大消除各安全设备由于自身技术原因和功能限制而产生的安全漏洞，便于更好地将相关的信息系统操作制度进行技术落地。

第四章

网络协同制造模式案例分析

第一节　中国商飞案例分析

一、企业概况

中国商用飞机有限责任公司，简称中国商飞（Commercial Aircraft Corporation of China Ltd，COMAC），于 2008 年 5 月 11 日在中国上海成立，是我国实施国家大型飞机重大专项中大型客机项目的主体，也是统筹干线飞机和支线飞机发展、实现我国民用飞机产业化的主要载体。中国商飞公司注册资本 190 亿元，总部设在上海自由贸易试验区。公司所属单位主要有中航商用飞机有限公司、上海飞机设计研究院、上海飞机制造有限公司、上海飞机客户服务有限公司以及上海航空工业（集团）有限公司。

中国商飞公司主要从事民用飞机及相关产品的科研、生产、试验试飞，以及民用飞机销售及服务、租赁和运营等相关业务。中国商飞公司实行"主制造商—供应商"项目模式，重点加强飞机设计集成、总装制造、市场营销、客户服务和适航取证等能力，坚持中国特色，体现技术进步，走市场化、集成化、产业化、国际化的自主发展道路。全力打造安全、经济、舒适、环保的大型客机，立志让中国自主研制的大型客机早日飞上蓝天。

目前，ARJ21 中短程新型涡扇支线客机已交付使用，C919 大型客机首飞成功，CR929 远程宽体客机正在研制当中。2016 年，中国商飞的"C919飞机网络协同制造试点示范"项目列为工信部智能制造试点示范项目。

二、项目背景与建设目标

（一）项目背景

大型飞机重大专项是党中央、国务院建设创新型国家，提高我国自主创新能力和增强国家核心竞争力的重大战略决策。"十三五"期间要实现C919 大型客机试飞取证和投入运营，初步形成产业化能力，并适时启动系列化发展；大型运输机将实现全自主保障，完成若干改型机种研制，并形成产业化生产能力；民用航空发动机要完成150 座干线客机发动机全部关键技术攻关，实现原型机性能达标。因此，要在大力开展自主创新、夯实航空科技发展基础的同时，着眼于航空制造业提升能力、转变模式的总体要求，把握当前新技术革命工业化和信息化高度融合的特征，以数字化、网络化和智能化作为抓手，实施基于网络的设计/制造/服务一体化示范工程，推动航空制造业向创新驱动发展模式的转变。

目前，商飞 ARJ21-700 飞机于 2016 年 6 月 28 日完成了首次商业运营，正在转入批产阶段。C919 飞机已获得 570 架订单，为满足订单要求，企业必须在短时间内完成生产过程的稳定，形成满足年产 100 架的批产能力，大量实施制造、装配过程自动化，开展智能制造技术的研究应用势在必行。图 4-1 是 C919 首飞成功的画面。

图 4-1　C919 首飞画面

（二）建设目标

中国商飞公司智能制造的建设目标，是通过实施基于模型的民机协同制造示范项目，打造产品单一数据源体系，持续开展各研制成员单位间的

协同产品定义与工艺设计，建成以自动化、数字化、智能化制造及管理为特征的智能制造工厂，打通车间现场管控的信息壁垒，建设 C919 飞机设计制造一体化智能制造体系，为 C919 大型客机的研制成功提供必要保障。

三、解决方案

在协同设计方面，构建多供应商协同设计环境，并实施基于模型的定义、工艺设计等应用技术，通过协同设计、智能生产与智能管理等先进技术手段，将飞机从设计到制造过程中涉及的设计商、制造商、供应商、集成商等成员有机紧密联合，建立民用飞机联合协同研制的新模式，实现设计与制造过程的一体化，实现资源优化配置，达成生产能力最大化，如图 4-2 所示。

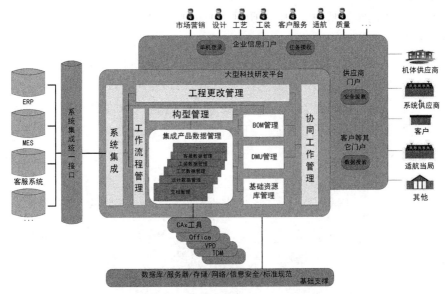

图 4-2　多供应商协同设计环境示意图

在智能制造方面，建成以自动化、数字化、智能化制造及管理为特征的智能制造工厂，实现制造过程模拟仿真、工艺数据库和参数优化、在线检测和故障诊治、制造信息全程跟踪和产品质量追溯、精益生产管理等集成应用；针对民机典型部件，实现制造过程关键工序（机加、复材制造、部件装配等）的智能化生产；建立车间设备互联网，构建统一的车间（产线）制造运营系统，全面实施 PLM、ERP、MES、BI 等信息化平台，实现各系统之间的信息互通和集成，支撑制造现场层、车间控制层、业务操作层、业务管理层、企业决策层的一体化智能管理。

四、实施内容与路径

（一）建立协同研制平台

1. 总体架构

建设基于企业互联的网络化协同研制平台，实现我国大飞机的全球化协作和快速研制。C919 飞机的研发成员企业包括了设计与主制造商、10 家机体结构、24 家机载设备、16 家材料供应商和 54 家标准件供应商等，另有 200 多家企业参与了项目的研制过程。商飞采用"主制造商 – 供应商"协作模式，建设基于企业互联的网络化协同研制平台（见图 4-3），以工业互联网作为支撑，搭建包含总体气动、结构强度、航电、飞控、液压环控、电气、动力燃油、飞行试验等各专业的协同设计环境，建立设计研发与总装制造、设计与部件系统供应商的协同研制环境，可实现与全球不同供应商之间的协同设计，包括和制造单位的设计制造一体化，与试飞中心的试飞管理协同，与适航当局的适航取证管理和数据协同。该平台将基于模型的系统工程覆盖到民机产品研发全生命周期，可支撑大飞机制造高度复杂的全球化协作，加快我国大飞机研制进程，并且支持未来宽体客机的研制。

2. 多学科协同设计环境

建立三维数字化定义平台和多学科协同设计环境，建设全机电子样机虚拟现实环境及试验数据管理系统等，形成数字化维护和数字化预装配，减少在生产制造阶段出现的问题，实现设计和制造并行。图 4-4 是多学科协同设计环境运行的示意图，由图 4-4 可见，多学科协同设计环境奠定了飞机设计制造一体化基础。

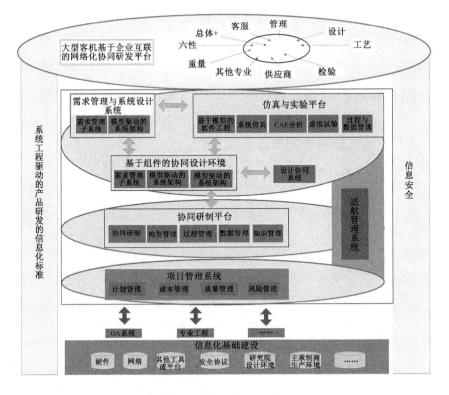

图 4-3　网络化协同研制平台

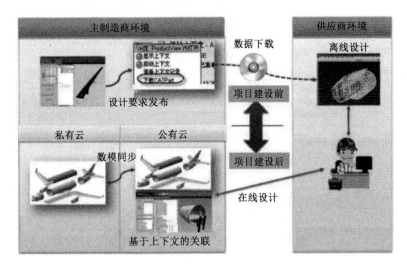

图 4-4　多学科协同设计环境运行原理示意图

3．管理模式

遵循国际最新的 ARP4754A 适航标准，实现飞机系统研制标准的全面覆盖。采用"双 V"（Validation & Verification）管理模式，将飞机需求从上而下分解为飞机级需求、系统级需求、分系统级需求、设备级需求，并进行确认，再通过分析、仿真和试验等手段进行需求验证，并开展保证需求得到满足的系统集成试验，实现民机研制需求的闭环式管理，如图 4-5 所示。

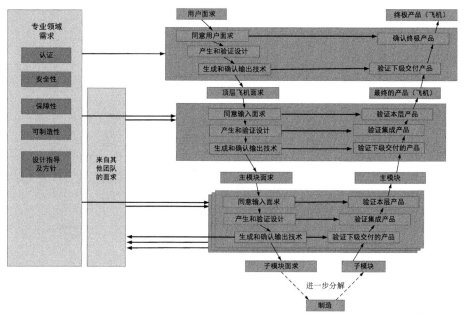

图 4-5　管理模式

（二）建设智能制造工厂

1．总体架构

针对航空产品特点，结合 C919 客机研制、批量化生产需求，构建车间柔性化智能制造生产线、物联网、大数据等基础支撑系统，打通制造单元、功能性业务系统与公司级 PLM、ERP 等管理系统的数据流。实现面向生产全流程管控的智能化系统、自动化制造生产线和基础平台，形成完备的商用飞机智能制造体系，充分发挥自动化生产线的效能，保证型号批产的产量要求，降低产品制造成本，提高工艺设计的智能化程度和效率，实

现产品质量的追溯与智能管控，如图4-6所示。

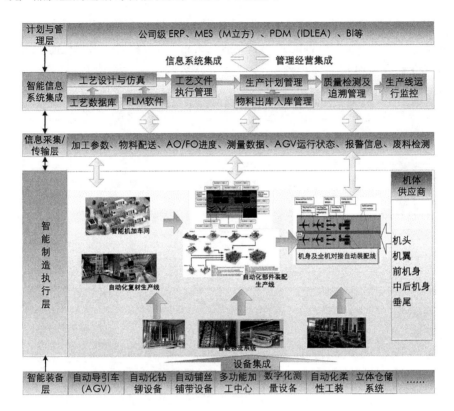

图 4-6 中国商飞公司智能制造业务流程架构

2．应用基于模型的制造工程

在工艺准备与工艺规划方面，中国商飞公司以单一数据源为核心，开展了一系列的基于模型的制造工程应用工作。包括：通过生产线建模与规范仿真，实现不同生产线布局的优劣，并分析与预测各站位的生产能力，发现系统瓶颈；通过基于模型的工艺设计和生产仿真，对加工过程、装配过程进行仿真验证及工艺流程分析；通过数字化容差优化，实现了"一体化"飞机装配协调和容差分配方法；并部分形成了可视化作业指导书与数字化测量检测系统等，如图4-7所示。

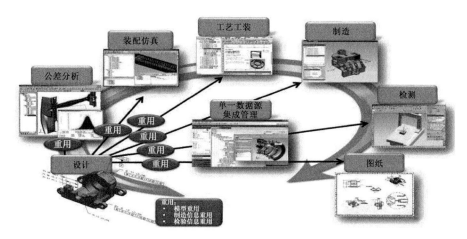

图 4-7　基于模型的制造工程示意图

3．集成应用智能核心装备

在制造方面，中国商飞公司建立了自动化程度较高的机加车间与复合材料制造车间。在机加车间，不仅引入了大量的大型五轴加工设备、数控龙门机床等自动化机加设备，并建设 DNC 网络实现了设备的统一管理；在复材车间，实现了复合材料的自动化铺丝、铺带，基于 AGV 小车的站位间转运，自动化无损检测，车间设备的数字化远程监控等。基本实现了复材铺贴的全自动化与零件机加的全自动化。为 ARJ21 的批产与 C919 客机的研制提供了质量稳定的零件。

在装配方面，建成 4 条自动化部件装配生产线（智能装配子系统）与 1 条总装移动生产线，实现飞机大部件自动化对接、自动化钻铆、数字化测量和数字化质量分析、基于 AGV 的大部件自动化运输、总装移动装配、智能化集成测试等。目前正在实施基于工业机器人和柔性轨的自动化钻孔、智能物流、智能检测等智能装配子元建设。图 4-8 是商飞总装车间智能生产线实景。

图 4-8　商飞总装车间智能生产线实景

（三）建设数字平台

遵循"一个数字平台支撑全过程制造业务"原则，全面实施数字平台建设，研发 ERP、PLM、MES 与 BI 等信息系统，并实现各系统之间的信息互通和集成，支撑全过程制造业务智能管理，如图 4-9 所示。

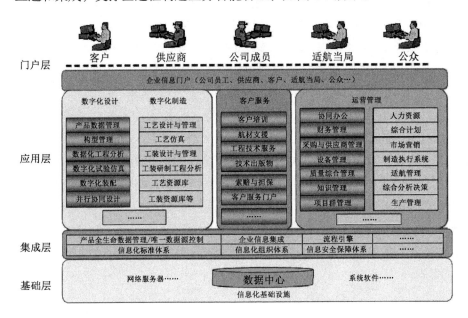

图 4-9　数字平台

1. ERP 系统

通过 ERP 系统，建立从产品数字化定义到制造、产品支援全生命周期数字化管理体系，强化企业内部控制，对业务处理进行有效监控，实现信息共享，资源优化配置，提升决策支持以及信息交换的能力，为企业的绩效考核和经营决策提供有力支持。实现了建立基于主数据的业务模式、统一计划管理平台、以 MPR 驱动装配工单的排产、采用 MRP 为主的物料申请模式、以工单为核心的企业运营资源管理等功能，达到了提高工艺技术管理水平、数据准确性、计划与生产准确性等目的。

2. PLM 系统

C919 客机产品数据管理（PLM）系统的所实施内容主要包括集成产品数据管理、BOM 管理、构型管理、数字样机管理、基础资源库管理、系统工程管理、客户服务支持及系统集成等方面，实现了基于单一数据源的产品全生命周期数据管理。

3. MES 系统

中国商飞公司 MES 系统在对民用飞机智能车间制造业务流程分析的基础上，并结合业界 MES 功能特征，由生产管理子系统（AO、FO、TO）、质量（FRR）管理子系统、物料管理子系统及消息管理子系统组成，且与 PDM 系统、ERP 系统、门户系统、PCS 系统等外部系统进行交互。最终实现了作业现场无纸化、生产执行准时化、生产作业自动化、生产系统智能化。

4. BI 系统

中国商飞公司 BI 系统包括物料及供应商数据管理、需求管理、采购管理、库房管理、自动识别等物料管理技术应用等，用于相关数据的可视化展示。

五、主要成效

基于模型的民机协同制造示范项目的实施，通过信息化建设实现了管理的上下打通，通过协同制造技术手段实现了各供应商之间的联动，初步

形成了设计、制造、管理一体化的基于模型的企业。

基于一体化协同研制平台，实现了跨企业间的统一构型管理、统一数据管理与统一协同工作流程。研制周期缩短 20%，并彻底消除了因信息不一致所产生的问题。

实现了制造过程的自动化、智能化，较项目实施前相比，缩短制造周期30%，降低制造成本20%，减少能源消耗10%，制造质量问题发生率降低25%。

打通了各信息系统间的数据流，消除了信息孤岛，生产现场信息能够直接反馈至企业级管理与决策系统，提高了管理的精准度与实时性。

六、经验与启示

在 C919 飞机的智能制造项目建设过程中，建立了一整套较为完整的基础标准规范、业务操作规范、设计与工艺流程规范。项目实施过程中，针对并行协同设计支撑平台，虚拟仿真，专家系统，三维模型定义，ERP、MES、BI 研发，敏捷制造、云制造、物联网、智能云服务等方面开展了试点研究，能够进一步指引相关技术的研究方向。项目形成了一套"主制造商—供应商"模式下的协同制造技术、管理方法，为航空、航天、船舶等大型复杂产品的智能制造提供了有效借鉴。

基于模型的民机协同制造新模式示范项目实施过程中的经验，主要包括以下几个方面。

一是统一理念，主动创新、勇于探索。智能制造没有成熟的模式可以复制，德国的工业 4.0 也处于起步阶段，不能简单跟随，应吸取各成功案例中的优点，综合运用。中国商飞公司一直倡导主动创新的文化，敢于打破传统的模式体系，勇于试错、主动创新，探索中国的民机智能制造模式，实现中国制造竞争力的引领。

二是数据驱动，统一数字平台。智能制造成功的关键在于数据传递的自动化，通过"一个数字平台"打通管理层与现场层，实现企业层面的互联互通。在设备层，基于 SCADA 系统，实现了设备间的互通互联，打通了车间制造运营层（MOM）和设备层数据控制链，从数字化、网络化，稳步迈向制造过程的智能化。

三是培养一批复合型智能制造人才。由于航空行业的特殊性，为充分实施智能制造，使其能够符合行业特点，需要一大批既熟知航空制造业务流程又了解自动化技术、信息化技术、物联网技术等智能制造核心技术的技术人员，商飞公司通过人才培养与人才引进的方式，集中了一大批具有综合技术能力的技术人才，为智能制造的实施打下了坚实的基础。

第二节　西飞集团案例分析

一、企业概况

西安飞机工业（集团）有限责任公司（简称"西飞集团公司"），位于陕西省西安市阎良区，是科研、生产一体化的特大型航空工业企业，我国大中型军民用飞机的研制生产基地。自 1958 年创建以来，特别是改革开放以来，始终坚持以军民用飞机研制生产为主，先后研制、生产了 20 余种型号的军民用飞机，军用飞机主要有"中国飞豹"、轰六系列等，民用飞机主要有运七系列飞机和新舟 60 飞机等，同时，大力开发非航空产品，现已形成集飞机、汽车、建材、电子、进出口贸易等为一体的高科技产业集团。

西飞集团公司以科技进步求发展，坚持"飞机为主，多种经营，高科技，外向型"的发展战略和"用户至上，以人为本，系统管理，持续改进"的质量方针，不断深化改革，强化管理，加快发展，与国内外合作伙伴和社会各界协同创造卓越，力求成为国内著名、世界知名的现代航空企业集团。

"十二五"期间，西安飞机工业（集团）有限责任公司确立了"以信息化平台为支撑，以数字化制造为手段，实现飞机制造模式转变"的愿景目标，努力实现公司的创新发展，并引领航空制造技术研发，实现了飞机装配的数字化、自动化，为飞机的智能研制奠定了坚实的基础。公司技术研发与国家两化融合和制造强国战略总体纲领紧密对接，2015 年 7 月，公司入选国家工信部智能制造试点示范企业。

二、项目背景与建设目标

（一）项目背景

按照国家民用航空产业"一干两支"的发展规划，我国将自主研制新

一代涡桨支线飞机（见图 4-10），承担 800 公里以内中等运量市场的区域航空运输业务，实现中短程航空运输速度与经济性完美的平衡。新一代涡桨支线飞机将与 C919、ARJ21 共同构成我国完整的民用飞机谱系，为推动我国从航空大国向航空强国的历史转变增添新的力量。

图 4-10　我国新一代涡桨支线飞机——新舟 700

在新一代涡桨支线飞机的研制过程中，将全面贯彻用户参与、协同研发、智能制造、个性化服务的研制模式。到 2025 年，我国的涡桨支线飞机将重点覆盖亚太市场、中亚独联体市场、非洲市场、北美市场、欧洲市场，遍及全球 30 余个国家与地区，与 ATR、Q400 形成支线客机三足鼎立的局面。同时，新一代涡桨支线飞机的研制过程，包含了 59 个飞机产品工作包，机体结构和机载成品的供应商分布在中国、美国、英国、德国、意大利、加拿大、新加坡等国家。

为满足涡桨支线飞机的研制、批量生产需求，急需构建协同开发云制造平台。

（二）建设目标

本项目将支线飞机研制与制造强国战略总体纲领紧密对接，从航空装备产业发展的整体需求出发，融合互联网思维及大数据、云计算等技术，引入基于模型的系统工程、面向 DFX 的广义协同研发、设计制造并行工程、研发与客户服务一体化、智能制造等先进管理思想和方法，突破一批智能制造关键技术，构建一个协同开发与云制造平台，形成一套先进的智能制造业务体系，面向主设计商、主制造商、供应商、专业化生产单元和航空公司提供服务，有效地优化各种制造资源和制造能力，实现飞机研发、采购、制造、客服的协同工作，以及企业生产组织管理架构敏捷响应和动态重组，催生航空装备产品发展的新业态和新模式。

主要包括以下几个方面：

- 飞机协同开发与云制造平台构建；
- 基于云平台的全生命周期广域协同开发；
- 基于云平台的制造服务和资源动态分析与弹性配置；
- 面向新一代涡桨支线飞机的协同开发与云制造试点示范。

三、解决方案

依托 MBSE、MBD、构型管理等先进协同开发与云制造理念和方法，结合新一代涡桨支线飞机的研制要求，逐步开展平台构建和应用与示范工作。依据项目总体规划，首先突破一批智能制造关键技术，为项目实施奠定技术基础；其次，构建新一代涡桨支线飞机协同开发与云制造平台，通过协同研制平台建设，构建民用机设计与工艺一体化和模块化的新型研制模式；再次，结合新一代涡桨支线飞机的研制过程，基于统一数据环境，实现设计、工艺、工装的高度并行协同，进行协同研发、广域供应、智能制造、客服支持的应用；基于应用基础，完成标准规范体系建设；最后，结合共性技术、协同开发与云制造平台、智能装备等的研究成果，进行航空行业应用示范推广。项目的总体技术路线（解决方案）如图 4-11 所示。

图 4-11　总体技术路线（解决方案）

四、实施内容与路径

"支线飞机协同开发与云制造试点示范"项目立项以来，结合总体目标，按照阶段目标要求，稳步推进。在 2015 年构建了新一代涡桨支线飞机协同开发与云制造平台，实现了飞机协同开发；在 2016 年完成智能工厂建设，实现企业相关制造资源的互联互通；2017 年开展应用与示范，形成航空装备产品发展的新业态、新模式。

（一）规划协同开发与云制造平台总体框架

依托新一代涡桨支线飞机，将新一代信息技术与航空装备发展深度融合，从价值链、企业层、车间层和设备层共四个层面，通过制造资源和制造能力的优化配置，提升航空装备制造系统的状态感知、实时分析、自主决策和精准执行的水平，实现产品全生命周期广义协同研发与制造，如图 4-12 所示。

所谓的广义协同，意味着把设计所、主机厂、专业所、配套厂、供应商等不同个体通过统一的规范流程，对接各自的具体工作，以项目目标为核心，各企业共同、同时、同步地按计划完成工作任务，并实现全过程工作的相互协调、协助和协作。这种协同贯穿于飞机设计、制造、保障整个产品生命周期的各个阶段。以初步设计方案评审（PDR）为例，其协同工作内容就包括：①设计内部协同，完成总体技术方案；②设计与主制造商协同，完成制造总方案、工艺总方案、工艺构型定义；完成材料供应商选择和规范确认；③主制造商与机体结构供应商协同，完成资源规划；④设计与局方协同，完成审定基础和初始审定计划；⑤设计与供应商协同，完成工作包确认；⑥设计与客户协同，完成客户服务总方案等。

为了支持广义协同，需要采用设计制造服务协同平台，实现统一的构型管理、统一的数据管理（唯一数据源）、统一的协同工作流程。企业联盟的协同需要一套完整的基于信息化技术、数字化技术和网络化技术平台体系来支撑。研发制造服务协同平台体系是以设计制造协同管理平台为核心（规划、设计、数据模型的生成、问题的分析与处理、方案的形成与决策等），集成项目管理、适航管理、生产制造管控、供应商协同及客服管理（工作状态的感知、信息采集、业务工作的管控和准确执行）等平台。在研发、制造、服务全过程中，企业联盟要实现信息流驱动业务流、数据流驱动物料流，达到智能管控、精准执行，其核心在于以下几点。

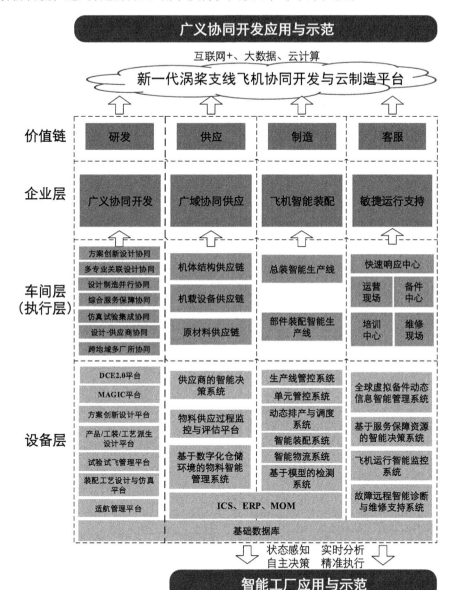

图 4-12　新一代涡桨支线飞机协同开发与云制造总体框架

- 统一的构型管理：以构型状态控制全生命周期的产品状态，保证每架飞机的个性化状态在企业联盟各项工作中的统一性，确保产

品的完整性和设计制造服务的可追溯性。在设计制造服务协同平台中，根据产品生命周期主要分为以下几个阶段：需求构型（RBOM）、设计构型（EBOM）、工艺构型（PBOM）、生产构型（MBOM）、服务构型（SBOM）和运营构型（OBOM）。每个阶段的 BOM 在数据和信息表现形式上存在继承性和差异性。

- 统一的数据管理：以产品数字化工程（MBX）为基础，通过设计制造协同管理平台把所有的数据综合、协调、集成起来。保证产品数据唯一性、完整性、有效性和正确性。在产品联合定义阶段实施协同的产品设计、工艺设计和工装设计，并通过平台将工程数据与工艺数据、工装数据实时关联，保证相关方协同工作的方案和数据协调一致。在生产和服务阶段，数据通过各应用平台下达执行层。执行层根据对应平台的指令和数据进行制造执行、供应商管理、采购管理、维护维修管理、客户服务及财务成本计算等工作。

- 统一的协同工作流程：指设计制造服务协同平台中对需求、设计、制造及售后等关键环节的统一管控，保证各联盟企业的协同工作流程有效、有序、准确的衔接。

关键的协同流程至少有以下几个方面。

- 需求协同：市场分析的协同、用户需求定义的协同、构型定义的协同及成本控制需求的协同。

- 设计需求：产品设计的协同、工艺设计的协同、工装设计的协同、质量计划的协同、物料计划的协同、成本预算的协同、制造计划的协同。

- 制造协同：排产计划的协同、物料配送的协同、交付管理的协同、成本控制的协同、资源平衡的协同、采购管理的协同、质量控制的协同。

- 售后协同：客户管理的协同、备件管理的协同、客户服务的协同、维护服务的协同、维修服务的协同、运营服务的协同。

（二）搭建飞机协同开发平台

飞机协同开发与云制造平台（DCEaaS）面向飞机广义协同开发与智能

制造，采用云计算、大数据、物联网等技术，为实现飞机异地全生命周期融合的协同研发提供条件。新一代涡桨支线飞机协同开发与云制造平台的逻辑结构如图 4-13 所示。

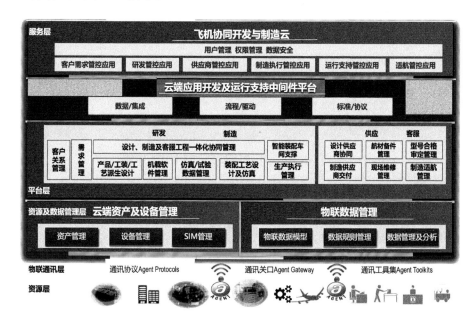

图 4-13 新一代涡桨支线飞机协同开发与云制造平台逻辑结构

如图 4-13 所示，新一代涡桨支线飞机协同开发与云制造平台，是一个由私有云和公有云组成的混合云结构，按照 IaaS、PaaS、SaaS 的云体系进行构建，核心的层次如下。

- 资源层：关注基于互联网思想和应用的广域研发\生产\服务资源的优化配置和集成，是协同开发与制造云平台的 IaaS 层，将面向研发的高性能计算设备、虚拟仿真设备、实验设备，以及面向制造的加工设备、物料运送设备、智能装配设备等按照云的通信协议进行物物相连。

- 平台层：关注从产品全生命周期和生产生命周期提供协同的一体化平台支撑，是协同开发与制造云平台的 PaaS 层，围绕飞机开发与制造的协同业务开展，构建面向飞机研发、供应、制造、客服等价值链业务环节的平台，包含客户关系管理、需求管理、设计制造客服一体化管理、供应商管理、制造执行管理等，满足飞机

方案创新设计协同、全三维多专业关联设计协同、产品工艺工装并行设计协同、综合服务保障协同、跨地域多厂所协同、供应商广域协同的要求。

- 服务层：关注面向交付和运营的集成商统一客户服务和运行支持能力形成和辐射，是协同开发与制造云平台的 SaaS 层，基于平台层，根据云数据交换协议，将飞机研发、供应、制造、客服的管控业务进行云化，提高管控的敏捷性，实现研发制造业务的实时状态感知与数据分析，提高决策的智能化水平，改善业务执行的效率和准确性。

（三）基于云平台进行全生命周期广域协同开发

采用基于模型的系统工程，以模型为核心实现需求、设计、虚拟验证的完整闭环，为智能制造提供虚拟化产品信息基础；在全生命周期过程中贯彻模块化管理思想，进行了 MA700 飞机的协同开发，实现了产品设计、工艺设计、生产、检验、维修的模块化统一管理，如图4-14所示。

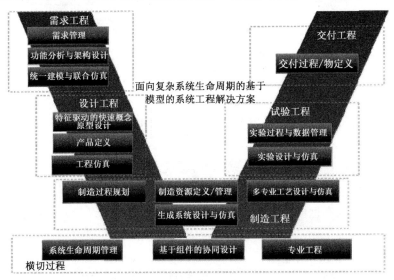

图4-14　基于模型的系统工程的全生命周期广域协同开发

（四）通过技术升级改造实现智能制造

根据实际需求，公司提出并构建"一个环境"和"六大平台"。"一个环境"指的是覆盖企业联盟全业务领域，联通生产设备的可靠高效的信息化网络基础环境。网络基础环境包括金航网的内网和外网两个部分，为安全考虑，内网和外网采取物理隔绝。"六大平台"包括战略和综合管理与支持平台、市场营销管理平台、设计制造协同与工艺设计平台、生产管理与制造执行平台、采购及供应商管理平台和客户服务管理平台。通过网络环境和六大信息化平台建设，将生产管控触角从各业务领域延伸到主承制商及其供应商的生产组织及关键设备设施，支持各业务系统对生产过程的全面管控，最终达到过程精益化、管理系统化、成本最优化、效益最大化的目的。

1．战略和综合管理与支持平台

如图 4-15 所示，公司基于企业级门户、业务智能、主数据管理的应用集成，形成独特的面向复杂制造业的企业创新管控平台，覆盖决策支持、运管管控、战略管理、人力资源管理、财务管理、协同办公、知识管理、合规管理、项目管理、企业资源规划、制造执行、质量管理等业务领域，贯通企业战略决策、计划控制和业务执行三个层次的，成为全面、完整、成熟的装备制造业管理信息化首选解决方案。

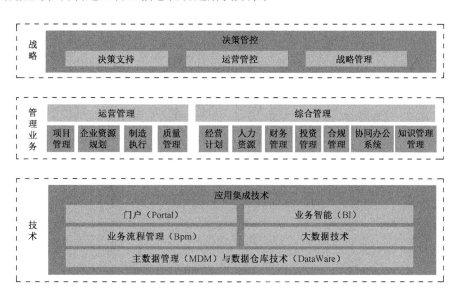

图 4-15 战略和综合管理与支持平台

2. 生产管理与制造执行平台

图 4-16 是生产管理与制造执行平台总体架构示意图，通过制造全过程的数字化和网络化，全面打通从计划到物流、从制造执行到生产保障两条线，通过生产指挥管控中心的构建，实现对计划流、物流、信息流的全局掌控与闭环跟踪，使企业提高效率与质量，降低生产成本。

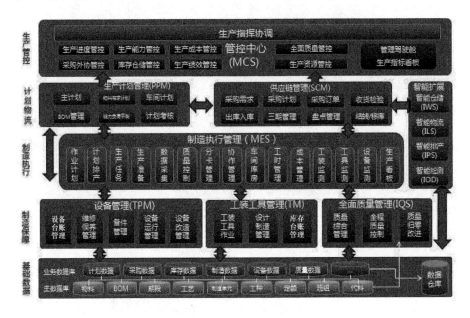

图 4-16 生产管理与制造执行平台示意图

其中，生产指挥中心基于视频监控和生产指挥平台，以生产过程的控制为核心，集成顶层规划，实现技术状态及工艺设计监控、生产过程监控等，对各协作单位、业务系统信息进行集成与管理。生产指挥中心及时掌握各联盟企业关键环节及总体进展，实时掌握飞机设计以及各联盟企业工艺设计、工装设计、零件制造，以及装配工序等各个环节的详细进展，最终实现生产过程的全息动态管控。

计划物流管理主要通过生产计划管理和供应链管理来实现。在内网，采购管理系统直接将需求信息传输给主制造商进行生产供应；在外网，采购管理系统首先对联盟中拥有的供应商进行评价，然后对评价后的、合适的发送采购需求，供应商进行生产供应。在生产过程中供应商需要将生产计划、生产进展、库存、发货和物流等信息向采购管理系统进行反馈。

制造过程中的智能管控主要通过制造执行管理系统（MES）、生产管控（ERP）系统、设备管理系统、劳动/材料定额系统、工装/工具管理系统、物资管理系统和人力资源管理系统进行。控制中心通过知识、规则、逻辑分析，对生产线进行智能排产，并随时可对现场设备或物料管理设备进行状态核查，生产线上的传感器或信息采集设备将生产线上的飞机技术及质量状态反馈到控制中心。控制中心将根据实时的飞机技术及质量状态进行决策分析下达指令要求，实施对设备及物料流转设备智能管控，并对生产线中的各个环节进行全面的监控与控制，保证生产过程中工具和物料的自动配送、生产线设备自动执行、生产装配质量自动检测等功能。同时，将飞机生产中部分生产信息发送到客户服务平台，使生产管理人员及客户都可以通过平台了解到每一架飞机的生产状态，这也是用户运营支持与保障的基础。

3. 客户服务平台

建立体系化、标准化的数字化客户服务体系，满足多产品客户服务需求和跨地域的客户服务、供应商、维修商服务协同及客户服务一体化要求，实现客户服务经验的有效积累，完成客户服务数据、指令、信息的上传下达；走出一条符合民机公司发展战略、满足民机产品特点的新型客户服务模式。如图 4-17 所示，客户服务平台特点如下。

① 唯一数据源管理

系统采用唯一数据源，同时对客户服务数据进行客户化管理，保证了企业客户信息的保密性，同时满足企业产品多构型、多状态的服务要求。

② 数据交联和业务整合

与制造商内部系统进行数据交联和业务整合，全面提升企业客户服务能力的竞争力，提高企业的认知度和客户满意度。

③ 多维数据查询

所有信息存放在唯一的数据仓库，使信息容易存取且更有使用价值，数据仓库面向主题，用户可根据多种查询要素进行多维度查询，并发送给

不同的用户。

④ 因特网实时访问

基于 Web 的信息发布系统，客户可以通过在全世界范围内实时访问，获取飞机制造公司民机的相关信息。

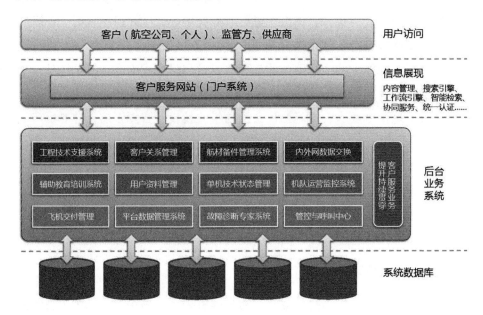

图 4-17　客户管理服务平台示意图

4．网络基础环境架构

IT 基础设施与信息安全是企业整体信息化的基础支撑，具有复杂性、融合性和牵引性。为满足企业信息化良性发展和全面应用的需求，公司通过集成规划与实施、运行维护与管理的双向知识积累和迭代，自主研发了数码安全服务器虚拟化系统、安全桌面虚拟化系统、电子文档安全管理系统、打印复印和光盘刻录安全监控与审计系统、安全增强电子邮件系统、IT 运维管理系统、保密业务管理系统等产品。为用户提供从建到管的全生命周期、可延续的解决方案，以及信息安全、计算、存储和信息通信四大服务，如图 4-18 所示。

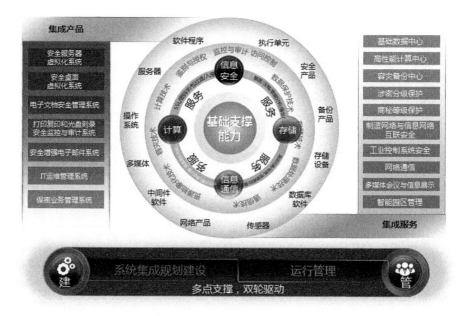

图 4-18　网络基础环境架构

五、主要成效

目前，西飞在推进支线飞机研制新模式的过程中，取得了以下成效。

1．民机研制新模式基础条件初具规模

在软件建设方面建成了以三层架构为网络体系的千兆园区网，产品数据管理方面建设了 PDM 系统，产品工装设计全面应用了三维数字化技术，制造工艺设计中应用了 CAPP 系统，建立了企业资源计划（ERP）系统，基于中航网建立了 SCM 系统，OA 系统已经投入使用，优化了产品研制流程，逐渐形成了基于 MBD 的先进设计制造技术体系和敏捷化管理技术体系。

2．多厂所异地并行和协同设计制造研制模式成熟应用

以大飞机研制为代表，实现了数字化协同。从贯彻型号产品研制全生命周期的研制需求出发，主要有以下几方面的工作。

① 实现以主承制厂为核心的，与主设计单位、分承制单位信息系统的集成，保证建设异地工程研制数据和流程协同。

② 实现制造过程，尤其是工艺规划过程的数据和流程控制，进行以

BOM 数据为核心，满足批架次管理需求的制造构型管理。

③ 实现工装数据及其研制过程的全生命周期数据管理。

④ 建立多层次项目管理协同环境，实现以综合计划管理为核心的项目管理协同。

⑤ 实现外部供应链制造的集中管理，建立起满足型号产品试制和批产的跨企业供应链管理机制。

3．数字化制造技术应用效机显著

MBD 技术得到广泛应用，实现了基于三维数模的单一数据源设计、制造流程管理；实施了异地协同的并行工程，缩短了飞机的研制周期；突破了面向数字化装配的飞机结构设计、数字化装配协调、飞机数字化装配工艺规划、数字化装配生产线布局、飞机数字化装配技术规范等飞机数字化装配共性基础技术；构建了飞机数字化装配仿真平台，数字化定位平台、自动化制孔连接平台等关键装备，面向组件、部件、大部件等形成相应的数字化装配系统，逐渐形成了飞机数字化装配技术体系；实现飞机高效精密装配，全面提升了飞机的装配效率和质量。

六、经验与启示

（一）经验

总体来说，通过本项目的建设和应用，从以下四个方面提高飞机协同研发与制造的先进水平。

① 新舟 700 飞机当前构建的 DCE2.0，与当前波音的 GCE、空客的 ACE 在技术架构、应用范围、应用模式上基本保持一致，各有侧重。通过本项目的建设，实现 DCE2.0 向 DCEaaS 的升级，将原有平台的应用提升到混合云的应用模式，以此带动业务模式的转型升级，达到国际先进水平。

② 在协同研发业务方面，实现生命周期维度和跨地域维度的融合，形成矩阵化协同应用，形成一种更加深化的、更高层次的协同研发模式，接近空客、波音等国外先进的协同研发模式。

③ 在智能制造方面，将数字化、自动化、网络化的制造模式，转变成面向服务的智能制造模式，提升航空装配制造系统的状态感知、实时分

析、自主决策、精准执行水平，形成国际一流、国内领先的装配生产线。

④ 在客户服务方面，通过本项目建设，实现基于云的全球虚拟备件动态信息智能管理、故障远程智能诊断与维修支持、基于服务保障资源的智能决策、飞机运行智能监控等，提高客服响应速度和飞机维修保障质量，达到国内领先的客户服务水平，接近波音、空客的客服水平。

（二）启示

本项目的实施对航空制造企业推进民机研制新模式具有以下示范作用。

① 航空企业实现民机研制新模式，必须与国家制造发展总体纲领紧密对接，明确建设目标，做好顶层设计。

② 航空企业实现民机研制新模式，必须建立政产学研用的新型组织管理模式，实现 6 个统一，即项目组织与管理统一、标准规范与协同平台统一、技术状态与质量控制统一、计划协调与进度控制统一、材料采购管理统一、成本控制统一。

③ 航空企业实现民机研制新模式，必须以我为主，加大国内自行研制力度，满足工艺装备和系统的自主安全可控性要求。

第三节　博创智能案例分析

一、企业概况

博创智能装备股份有限公司成立于 2003 年初，是一家专业设计、制造、销售高精密节能环保注塑机的高新技术企业。2009 年博创从广州市整体迁移至增城经济技术开发区，大批量引进了国外先进技术和设备，建成了现代化的数字工厂。

博创经营范围包括塑料加工专用设备制造、机械技术开发服务、数据处理和存储服务、数据交易服务、数据处理和存储产品设计、智能机器系统生产、智能机器系统技术服务、智能机器系统销售、智能电气设备制造、模具制造、工业自动控制系统装置制造、机器人系统生产。

经过十多年的发展，博创无论是在技术创新、产品开发还是在品牌宣传、文化建设、人才管理等各方面均走在塑料机械行业的前列，引领行业发展，现已成为中国注塑机行业高端产品一线品牌，中国塑料机械工业协

会会长单位，中国最具规模的国家塑料智能装备与智能服务标杆企业。

2015 年，公司的"注塑成型智能装备与服务试点示范"项目入选国家工信部智能制造试点示范项目，公司也是塑料装备行业唯一入选国家首批智能制造试点示范的企业。

二、项目背景与建设目标

（一）项目背景

注塑装备（见图 4-19）是加工塑料等高分子复合材料的工作母机，牵引着国民经济全行业的发展，广泛应用于航空航天、国防、交通、电子、建筑、生物医药等领域。塑料装备用 500 亿元产值，撬动了 2.6 万亿元塑料行业。但目前装备行业的信息化智能化水平相对低下，在一定程度上影响我国制造强国战略的整体发展，博创作为塑料装备制造龙头企业和会长单位，用企业 10 余年发展积淀的技术经验，立足于全球化发展视野，围绕两化融合，勇于创新，强力推进中国注塑装备智能化事业的发展。2011 年研发了首台套集网络化与智能化一体的注塑装备，开创了中国注塑装备智能化升级的先河，实现了注塑装备全域性的安全可控、自感知、自诊断、自适应和自决策。当前，在"互联网+"和制造强国战略背景下，公司必须实施"创新驱动发展"战略，对公司生产管理与服务进行全面智能化改造。在下一步的工作中，博创将重点组织实施以信息技术深度嵌入智能装备和智能云服务两个试点示范。通过项目试点示范带动注塑行业的发展及相关行业的发展，提升全行业的信息化、智能化和网络化水平。

图 4-19　博创智能化装备研发及生产环境

（二）建设目标

依靠技术升级改造，将注塑装备的智能化升级与物联网和大数据技术进行深度融合，生产新一代智能化的注塑成型装备；以中国注塑机械工业协会为依托，面向全行业需求构建开放性大数据公共云服务平台，全面提升全行业的信息化、网络化和智能化服务水平；从注塑装备单机智能到注塑工厂整厂自动化、信息化建设，实现工业工程 IE 与信息技术 IT 的完美融合，为注塑装备用户提供一站式的注塑成型智能工厂解决方案。

三、解决方案

作为工信部智能制造试点示范企业，博创智能装备股份有限公司对现有的注塑装备进行了信息化和智能化改造，能够安全可控、自感知、自诊断、自适应、自决策，同时承载各种远程监控、故障分析与诊断、高级专家系统等云服务。目前，博创已搭建企业云服务平台，在注塑装备增加云终端，可实现本地智能与云智能的高度结合，面向本单位生产的装备提供在线监测、远程诊断等云服务。

博创立足于智能注塑装备与数据中心，打造众创平台，为全球塑料用户打造一站式智能注塑解决方案。

首先，开发基于云计算的注塑成型智能装备。集中对现有的注塑装备进行信息化和智能化改造，推出注塑成型智能装备云终端与注塑工艺专家系统，实现注塑装备的自感知、自诊断、自适应、自决策。同时，可在应用云终端承载各种云服务，实现制造商、用户之间互联互通，为大数据挖掘分析决策提供数据来源，承载各种远程监控、故障分析与诊断、专家系统等云服务，真正实现注塑装备的智能化、智慧化。

第二，搭建基于物联网技术构建智能装备云服务平台，推动"大众创业，万众创新"落地。云平台实现深度挖掘、分析、决策，自动生成装备运行与应用状态报告；承载信息推送、在线监测、远程升级、健康状态评价等云服务。通过云计算和大数据技术以及移动互联网技术，建立高效、安全的智能服务云平台，提供的服务能够与产品形成实时、有效互动，大幅度提升系统的信息化和网络化水平。

第三，建设基于云制造的注塑成型装备智能工厂，搭建企业大数据中心采集生产、物流、人员信息，对数据进行挖掘、分析、决策，全面优化

生产资源，提供在线监测、全生命周期管理、精准销售等智能云服务，实现研发、生产、质量管控和物流一体化的注塑装备生产智能云工厂。

四、实施内容与路径

（一）开发基于物联网的注塑成型智能装备

注塑成型智能装备是国家重点支持的基础制造装备，多年来，博创以节能环保、高效精密的闭环注塑装备赢得了用户的认可。从 2011 年开始，博创更是率先对注塑成型装备进行了网络化、信息化与智能化改造升级。升级后的智能化注塑成型装备主要由主机、传感、主控、云终端等部分构成（见图 4-20）。其技术原理是：依托高性能传感器构建物联网感知层，将感知的数据实时传递主控机，主控机完成实时监测装备状态、控制整个工艺流程和向应用云终端传送实时运行数据，云终端完成数据转发和云业务承载的功能。

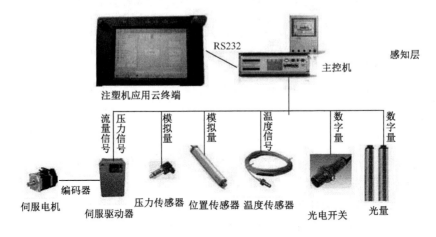

图 4-20　基于物联网的注塑成型智能装备

1. 注塑成型装备的智能感知

把传感器装配到注塑成型装备整体系统中，感知注塑成型装备的部件动作、运行状态和产品质量等方面的数据信息，传递到系统、开放、多元的综合网络监控平台，实现实时感知、准确辨识、快捷响应及有效控制。

2. 注塑成型装备的网络化、信息化、智能化

在对注塑成型装备进行网络化改造升级的同时，开发网络化的云终端系统，实现装备智能和云终端的融合；集成并优化注塑工艺专家系统，实现专家系统参考工艺和人工经验的结合；构建行业云平台，根据全行业注塑成型装备的运行状况和注塑模具参数，分析其最佳工艺流程，结合注塑专家系统和主机闭环控制系统，构建整体化智能解决方案，提升注塑成型装备的智能化水平。

（二）搭建注塑成型智能云服务平台

1. 规划技术架构

如图 4-21 所示，构建由感知层、网络层、平台层、应用及服务层五层组成的"博创注塑智能装备"云服务平台，自下而上经过采集、传输、保存、处理、分析和应用等环节，形成注塑信息"感、传、知、用"的完整流程。

- 感知层：由计算机、主控接口、分机控制器及各种传感器组成，采集并捕获注塑成型装备的各种信息。
- 网络层：各种通信网络和互联网形成的融合网络，完成信息与指令在感知层与平台层之间的传递。
- 平台层：基于基础设施和云计算，利用大数据中心、营运平台，打通装备各部件之间的信息壁垒，构成一体化联动的信息共享与协同机制。通过各种数据资源的协同联动，实现信息平台的精准化、实时化管理。
- 应用层：整合各种数据资源，实现对各类数据的统一访问，支撑企业业务协作，达到远程监控现场、故障及时诊断与解决、精准营销、专家系统，达到效益最大化。
- 服务层：针对智能制造领域的特殊需求，提供专业化的智能制造应用系统，如复杂系统建模工具、通用的仿真终端、新产品研发工具包等。同时，用户以综合平台提供的各种云服务自主定义并构建新的智能制造应用，以获得增值服务。

注塑成型智能装备云服务平台实现"物联注塑成型装备行业"的物与物、物与人、人与人的互联互通，对下接入多种行业终端，对上支持多种

行业应用，并整合成一个应用网络体系。

图 4-21　基于物联网的注塑成型装备行业云平台

2. 搭建三级行业云营运服务平台

在博创云服务平台基础上，依托中国塑料装备机械行业协会，通过上述的技术架构，为全行业搭建多级云服务平台，整合、优化、再配置行业资源，为政府、企业、用户和全行业未来发展提供信息共享和决策支撑体系，如图 4-22 所示。

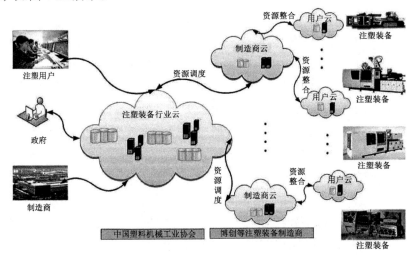

图 4-22　塑料装备行业多级云服务架构

架构中涵盖了绝大部分注塑成型装备及行业相关的 IT 资源，包括一个核心的注塑成型装备行业云、多个制造商云、多个用户云及注塑成型装备云终端，在互信的前提下建立"联邦"，形成一个逻辑上的、整体的云服务系统。同时，政府、行业、制造商、企业用户通过云计算中心的服务门户获取各自所需的应用服务，而无需关心该应用的所处位置。

3. 开发注塑成型装备的大数据分析平台

① 大数据分析平台的搭建

塑料机械行业的大数据系统平台，包括大数据采集、数据分析与处理和大数据应用，如图 4-23 所示。在 PB 级注塑成型装备数据基础上，采用 Hadoop、Spark、Storm 等技术对数据进行分析处理，依靠改进的数据挖掘算法及各类数据分析模型进行运算分析，为上层应用提供数据开放能力。

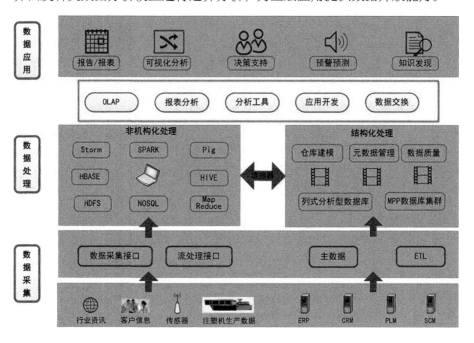

图 4-23　注塑成型装备大数据分析与处理平台

② 大数据获取与信息融合

- 信息系统业务数据。通过信息化系统集成管理，提升整个企业管理水平和生产效率，建立全方位的信息（ERP、CRM、SRM、

PLM、MES 等）系统，实现从原辅材料采购、生产加工、物流，到销售与服务的整个供应链管理。建立财务管理系统，实现整个现金流的集成。

- 用户生产过程数据。为保证注塑智能装备在生产塑料制品过程中高质量、快速生产出合格产品，需要对注塑机生产过程中影响塑料制品质量的因素进行检测和控制。在实际生产中要进行包括料筒的温度、油温、油缸压力、系统油压、注射动作的行程、速度及时间等项目信号（包括发生故障时的图片、视频数据）的检测与监控。

- 注塑行业大数据源。通过爬虫等工具获取注塑成型装备行业数据，包括产业链的各类企业信息、市场信息、官方数据、网站数据、关联行业资讯、图书等信息。

③ 大数据分析

注塑成型装备制造商大数据平台研究的是基于注塑机用户大数据的故障分析，分析其类别、性质、原因和影响程度；注塑成型装备行业大数据平台研究的是基于注塑机大数据的各制造商注塑机的产能与成本分析，从而更好地帮助用户缩短成型周期、提高单位时间产量、降低生产成本、提高竞争力。通过对注塑成型装备等多源异构数据的深度挖掘分析，从用户属性（注塑机信息、产能信息、终端信息、故障信息等）和用户行为（开关机时间、位置轨迹）维度实现注塑机立体画像与精准分群，对潜在数据业务用户、高价值用户等目标客户群进行精确识别，从而为产品市场营销提供有力支撑。

4．注塑成型装备的智能云服务

基于三级云服务架构和大数据平台基础，不同用户有不同的应用场景形成智能化的服务，如智慧物流、智能销售、智能监控、智能研发、售后智能服务、智能营运管理等（见图4-24），从而能更好地帮助用户缩短成型周期、提高单位时间的产量、降低生产成本、提高产品市场竞争力。

博创研发的基于大数据云平台的注塑智能装备是根据互联网大数据（搜索数据、评论数据、结合产品自身特点与定位等）来设计虚拟产品、虚拟营销等，得到模拟的售后客户反馈数据来对原产品进行优化设计（见图4-25）。

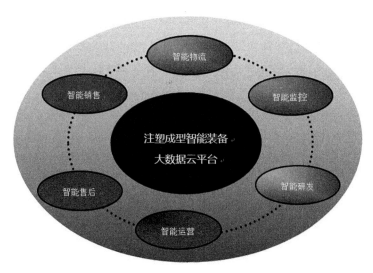

图 4-24 智能化云服务

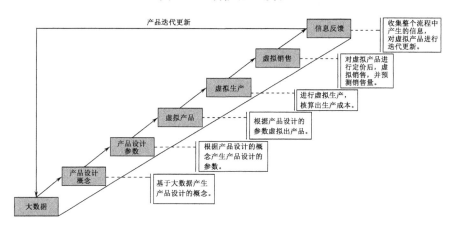

图 4-25 基于大数据的注塑智能装备产品研发

① 面向注塑智能装备设计生产的智能云功能

- 智能产品研发；
- 各注塑智能装备性能参数、质量、生产能力客户评价；
- 注塑智能装备使用过程中各种数据收集与分析；
- 注塑智能装备行业电子营销平台。

② 面向注塑智能装备用户的云服务

- 各注塑智能装备性能参数、质量、生产能力客户评价；

- 注塑智能装备使用过程中各种数据收集与分析；
- 注塑智能装备用户厂家的生产管理 ERP 集成接口功能；
- 注塑智能装备监控、故障诊断、专家智能等。

③ 注塑智能装备行业云平台的推送服务

- 注塑智能装备行业最新技术、行业交流会、展览会等推送服务；
- 注塑智能装备市场分析及售后分析决策推送服务；
- 基于注塑工艺专家系统塑料制品系统解决方案推送服务；
- 注塑智能装备单位机台性能周期评估推送服务。

（三）建设基于云制造的注塑成型装备智能工厂

1．总体架构

博创智慧工厂建设采用 PLM 产品全生命周期管理系统基础上推出新的模块设计开发与建设，总体架构如图 4-26 所示。

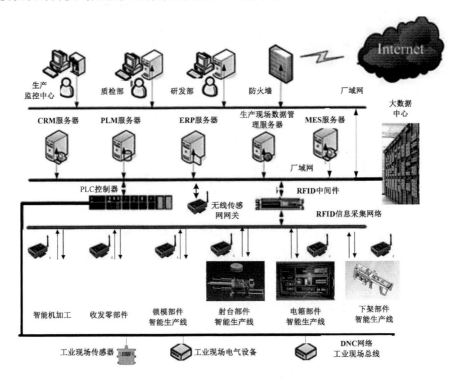

图 4-26　博创注塑成型装备生产智能工厂

2．分解注塑智能装备

形成下架、射台、合模和电箱（包括智能模块）四大模块。

- 下架模块，包括机架部件、油泵电机动力组成、油箱部件等机构组成；
- 射台模块，包括料管组（三小件、过胶头、过胶圈）、射胶头板、射胶二板、射胶油制板、油管、接头、法兰以及射台润滑系统等机构；
- 合模模块，包括合模模块、头板、动板、尾板、机铰、合模油制板、合模润滑等机构；
- 电箱模块，包括电箱钣金、电气底板、控制电脑等机构。

3．对装备进行模块化设计

推行新的模块化设计，简化传统的生产工艺流程，从而更加有利于智慧工厂的建设。

根据注塑智能装备的模块化，将传统注塑装备的生产工艺流程简化为四个并行的流水线（下架、合模、射台和电箱），最后总装的流水线生产工艺过程。

- 基于下架智能化的生产流水线产品设计，包括机架部件、油泵电机动力组成、油箱部件等机构组成；
- 基于射台智能化的生产流水线产品设计，包括料管组（三小件、过胶头、过胶圈）、射胶头板、射胶二板、射胶油制板、油管、接头、法兰以及射台润滑系统等机构；
- 基于合模智能化的生产流水线产品设计，包括合模模块、头板、动板、尾板、机铰、合模油制板、合模润滑等机构；
- 基于电箱智能化生产流水线产品设计，包括电箱钣金、电气底板、控制电脑等机构。

4．改造传统注塑装备生产线

形成四大部件流水生产线和总装生产线，并实现整个生产流程的全程可视化，整合 ERP、CRM、PLM 和 MES 等，实现云化改造，提供实现注塑装备生产线的信息化、智能化改造，提高生产效能、注塑装备总装线产品，包括整机钣金、连接件、电气连接线和控制线等外围部件。

（四）典型案例

1. 某包装行业智能生产线

应用博创一站式智能注塑解决方案，改造某包装行业生产线，将离散型生产模式转变为流程型模式；可融合多种工艺，如冲切、去毛刺、装配、焊接、表面处理（烫金、UV、丝印）、检测、包装等（见图 4-27）。项目完成后，效率提升 50%以上，生产线员工从 10 人/班，下降到 1 人/班，产品合格率达 99.5%以上。

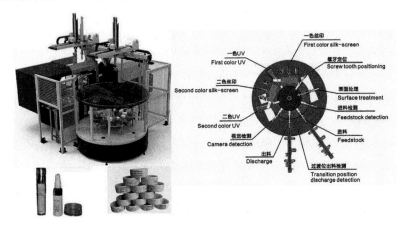

图 4-27 案例 1 示意图

2. 某大型家电注塑工厂智能化升级项目

某大型家电注塑工厂智能化升级前后，如图 4-28 所示。

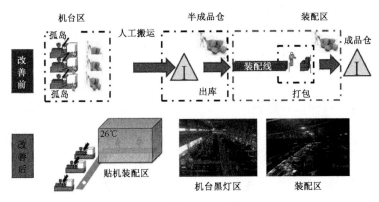

图 4-28 案例 2 示意图

五、主要成效

为实施"互联网+注塑成型"公司战略，博创整合原材料、原件采购、产品设计、设备生产、销售等产业链上下游资源，通过云计算平台将现有博创 ERP、CRM、PLM 等信息化系统云化，优化配置博创内部的资源，实现工厂的数字化、信息化高效管理。公司生产效率、技术水平、产品质量和管理水平得到了整体提升，运营成本降低了 25%，产品研制周期缩短了 23%，生产效率提高了 30%，产品不良率降低了 10%，能源利用率提高了 5%。

中国塑料行业有 1.34 万家塑料加工相关企业，以及成千上万的原料、塑料机械与塑料加工从业者。为良好的服务于塑料行业，博创的智能云服务平台，有效地将博创的智能装备进行联网统一管理，为客户提供注塑装备的用户远程监控、故障诊断、客户行为分析、营销策略分析等智能化云服务。该云服务平台得到了国内外市场客户的认可，目前已在全国范围进行示范推广。有效推动了"大众创业，万众创新"落地。经南沙美的等企业推广应用，可降低企业成本 25%，提高生产效率 30%，降低产品不良率10%等，先进性得到验证。此项目的示范和推广应用将进一步带动行业及关联行业的创新发展，提升信息化、智能化和网络化水平。

六、经验与启示

（1）博创构建了注塑装备云服务平台，承载用户远程监控、故障诊断等智能化服务。在"互联网+"和制造强国国家战略实施的背景下，公司下一步将注塑装备的智能化升级与物联网和大数据技术进行深度融合，生产新一代智能化的注塑成型装备（见图 4-29），并以中国注塑机械工业协会为依托，面向全行业需求构建开放性大数据公共云服务平台，全面提升全行业的信息化、网络化和智能化服务水平，向全行业推广示范，带动行业的发展，牵引中国智造。

（2）博创在致力于自身智慧工厂建设的同时，以博创注塑智能装备与智能服务为基础，构建智能工厂建设的一站式解决方案（见图 4-30）。首先，从注塑车间生产流程进行变革，实现人机分离、一人多机等提升效率；其次，在生产工艺上进行变革，降低成型周期，实现了快速换型，提高产品合格率；第三，从生产技术上进行变革，实现投料、注塑、组装等无人化；第四，从管理模式上进行变革，实现计划、品质、异常信息透明化和

设备集中控制。博创智能工厂方案推动了中国塑料加工行业转型升级。

图 4-29　博创 BH 系列注塑智能装备构建包装行业智能化车间

图 4-30　注塑成型智能工厂

第四节　长安汽车案例分析

一、企业概况

长安汽车股份有限公司（以下简称"长安汽车"）是最大的中国品牌汽车企业，也是唯一一家中国品牌汽车产销累计突破 1000 万辆的车企，位于重庆市江北区。旗下品牌有 CS、睿成、逸动、悦翔、欧诺、欧力威、欧尚等，已连续八年实现中国品牌销量第一。

长安汽车坚持科技创新，打造中国强大且持续领先的研发能力。在重庆、上海、北京、意大利都灵、日本横滨、英国诺丁汉、美国底特律均设有研发中心，建立了全球研发格局；建立了汽车开发流程体系和试验验证体系，确保开发的每一款产品满足用户使用 10 年或 26 万公里的可靠品质，坚持"节能环保、科技智能"的理念，大力发展新能源汽车和智能汽车，未来十年将推出 34 款产品，累计销量达到 200 万辆，成为国际先进、国内一流的新能源汽车企业。公司还作为唯一中国品牌加入代表国际最高水准的美国智能汽车联盟（MTC），当前已掌握全速自适应巡航、车道保持、全自动泊车等智能驾驶核心技术，特别是结构化道路无人驾驶技术已通过实质性技术验证。

2015 年，长安汽车"汽车智能制造综合试点"入选工信部智能制造试点示范项目；"长安汽车城节能与新能源汽车智能柔性焊接新模式应用"入围工信部智能制造专项试点；"两化融合促进企业研发协同模式创新"被中国企业联合会和清华大学经管学院甄选为《2015 全国两化融合十大典型案例》。

二、项目背景与建设目标

（一）项目背景

汽车企业作为知识密集型、技术密集型、劳动密集型的企业，是信息化和工业化融合最具代表性和示范性的产业之一。近年来，长安汽车发展突飞猛进，产销规模不断扩大，逐步形成"多品牌、多产业、多品种、多基地"的汽车制造企业集团。作为国家级两化深度融合示范企业，根据自身企业情况，制定了打通研发、标准生产、创新营销的 2025 信息化发展规划目标，但是要实现这一目标，公司还面临着一系列问题。如各成员企业利益诉求不统一、业务模式不统一、绩效评价不统一，部分成员企业信息化管理体系建设滞后、缺乏标准，造成资源浪费、成本增加、效率低下等弊端，影响了企业总体战略目标的有效贯彻落实。

当前，新一轮科技革命和产业变革正在孕育兴起，全球科技创新呈现出新的发展态势和特征，以大数据、互联网为代表的信息技术正无孔不入地融入制造业，对制造业的传统发展模式产生了巨大冲击，全球正在快速进入工业 4.0 时代，传统制造企业向智能化生产的转型已成为普遍趋势。智

能制造不仅可以抵消劳动力成本上升带来的劣势，还可以更好地通过接入互联网响应市场需求，大幅提高生产效率，产生更大的经济效益。

因此，迫切需要在信息化集成应用、协同应用新技术、协同新模式和标准等方面加大技术研究和应用，加快推进企业向智能制造转型，利用信息化手段提高企业管理水平，提升企业运营效率，支撑长安汽车快速发展。

（二）建设目标

以企业信息化为基础，通过打造四大数字化业务平台（营销服务、产品研发、制造与供应链、基础应用）和一个信息化能力平台的"4+1"平台体系，提升价值链协同效率和集团化管控水平，提高企业生产效率和效益，实现以客户为中心的价值链升级，产品升级和新生态构建，如图 4-31 所示。

① 价值链升级：以效率、效益提升为目标，以数据为驱动，贯穿研发、制造、供应链、市场与销售四大核心业务线，实现从制造型企业向制造服务型企业转型。

② 产品升级：以用户愉悦体验为目标，重点突出电动化、智能化、互联化、共享化，打造极致梦幻、令人叫好的产品。

③ 生态构建：以创造价值为目标，构建人、车、生活生态圈，延伸产业链，构建新生态。

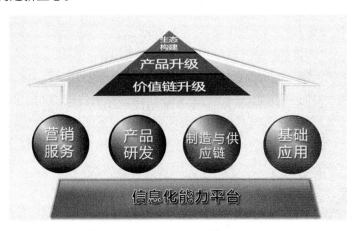

图 4-31　建设目标

三、解决方案

依托管理创新与 IT 中心，建设数字化长安，以建设研发数字化、制造精益化、营销电子化、系统集成化、管理信息化为重点，通过信息技术改造和优化制造业全流程，促进装备和产品的智能化。

在研发领域，建立 PDM、HPC、Benchmark 系统支撑五国多地的在线协同研发；在工艺领域，建立数字化虚拟制造、CAPP 系统支撑整车及发动机共七大专业的三维工艺设计和仿真；在制造领域，建立 ERP、MES、QTM 系统支撑拉式生产模式；在营销领域，建立 DMS、SES 系统集中管控1000 余家经销商；在客户服务与管理领域，建立 CRM、PMS 系统为长安车主提供感动与及时的服务，如图 4-32 所示。

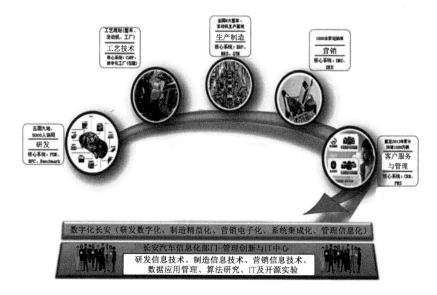

图 4-32 解决方案——建设"数字化长安"

四、实施内容与路径

（一）建立协同研发平台

1. 研发体系格局

长安汽车坚持走"以我为主，自主创新"的正向发展道路。为了整合全球资源，在重庆、上海、北京、意大利都灵、英国诺丁汉、美国底特

律、日本横滨建立了研发中心，逐步形成了"五国七地、各有侧重"的全球研发格局，如图 4-33 所示。其中，意大利中心负责造型设计，日本中心负责内饰和精制工艺，英国中心负责动力总成技术，美国中心负责底盘技术，重庆总部作为自主研发管理核心，负责整车、整机集成匹配。

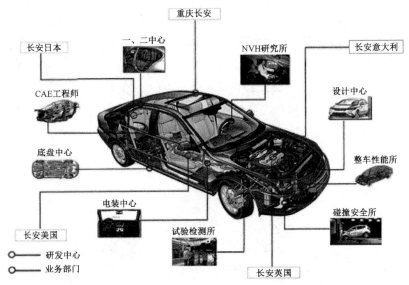

图 4-33 长安汽车协同开发模式高效支撑全球研发格局

2．研发平台总体架构

各中心通过以 CAD/CAE/CAM/PDM 技术为核心的数字化设计开发平台，全球协同设计，实现造型、工程化设计、CAE 分析、试验验证等 24 小时不间断开发和远程协作，如图 4-34 所示。

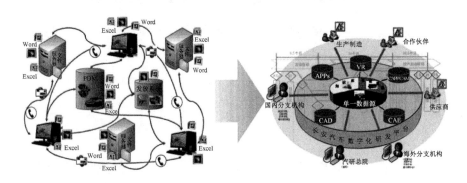

图 4-34 数字化研发平台示意图

3．优化 PDM 系统，实现研发数据的全周期应用

全面升级和优化 PDM（产品数据管理）系统，建立负载均衡的星型分布式主从 PDM 协同架构，采用单一数据库及多电子仓库集群技术，数据集中于协同平台，不断提高系统稳定性和兼容性，实现产品数据快速、安全、可控的管理。

推行在线研发模式，以全生命周期为主线，实施有效、及时的在线协同。如图 4-35 所示，在方案管理阶段，零部件设计师在 CATIA 或 PRO/E 中进行设计，设计过程中随时将数据保存到 PDM 系统的工作空间中；设计验证阶段，数据应检入系统并支持系统总师、相关部门工程师等检查、迭代审签等工作，之后对系统所有零件进行发布；投产阶段要求增加验证数据，经过验证和确认后进入变更流程进行设计变更。通过全周期数据管理，保证产品设计各个阶段均能实时获取最新数据，有效地支撑了协同研发。

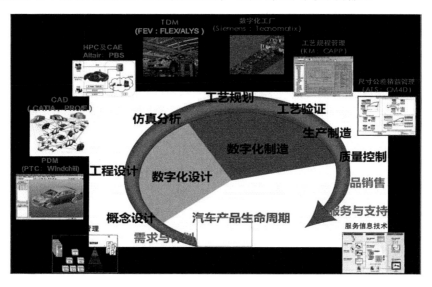

图 4-35 基于 PDM 的全生命周期研发应用示意图

4．完成高性能计算系统扩容，提升分析仿真能力

建立全球计算中心（见图 4-36），完成高性能计算 HPC 集群系统扩容，计算能力提升一倍，达到 10.9Tflops，建立 FlashSystem 存储系统，解决 I/O 性能瓶颈，提升计算性能，通过系统化，大幅提升高性能计算系统应用水平，并推广到异地分支机构进行应用，三年高性能计算系统支持 CAE 任务

数量增长近 7 倍，大幅降低平均等待时间，支持的 CAE 增加到 13 种。有力提升了整车、系统级 CAE 工程分析仿真能力，减少了物理样车试验验证次数，降低了开发成本，提升了研发效率。

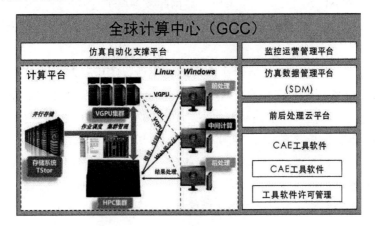

图 4-36　长安汽车全球计算中心

5. 建立标准化管理体系，深化系统二次开发

长安汽车以统一为核心，按照简明、有效、合规的原则，在各业务领域建立起包含业务评估标准、业务操作规范、精益管理工具等在内的标准管理体系。针对层级不同、范围各异的规章、制度、规范和手册等文体并存的现状，长安汽车依据已建立起的业务框架，基于各层级使用者不同的立场和需求，充分借鉴福特汽车管理体系结构，以应用为导向、自我修复为目标，对管理标准的文件体系实施再造（见图 4-37）。一方面，该框架从结构上实现从评估到执行、从非结构到结构化的自我修复循环；另一方面，长安汽车设计出一套统一的文件模板，以求用最匹配的展现方式将管理要求层层落地，精准体现管理本质。在标准化管理体系的基础上，通过二次开发、模版定制等将设计方法、标准和规范集成融到数字化工具软件中，规范设计过程，提高设计效率，沉淀企业知识。

6. 建立数字化工厂和轻量数字样机系统，实现三维工艺规划与仿真

项目研发过程中，通过计算机实时查看车型的可视化模式，从而及时跟踪研发设计进度和了解项目风险，是管理领域亟待解决的问题。但整车及生产线三维数模动辄有数 10G 的数据量，普通图形工作站根本无法打开

完整的整车数模来进行设计检查及生产线仿真。因此，建立轻量化的数字化工厂平台系统，将数字化工作流程融入 CA-PDS 流程和生产线建设流程中，实现"产品—工艺—制造"的有效贯通，开启工艺设计 3D 新模式，提升工作效率及规划方案的准确性；对乘用车建设项目生产线方案进行虚拟验证，有效指导方案设计。同时，建立基于 PDM 系统的轻量化 DMU（数字化样机）系统，实施研发过程可视化管理，实现全员参与三维设计。图 4-38 是长安汽车鱼嘴乘用车基地焊接车间布局的三维仿真场景。

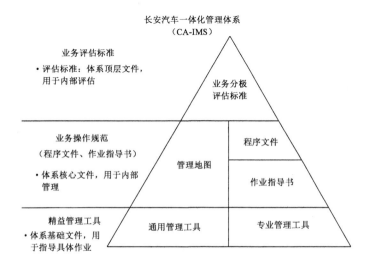

图 4-37　长安汽车标准化管理体系架构

图 4-38　鱼嘴乘用车基地基于"数字化工厂"的焊接车间布局

7. 建设以设计导航为核心的知识管理平台

知识管理平台是集中实现可持续性动态演进的、企业知识管理一系列功能应用需求的、以 IT 技术为基础的系统操作、展示、应用平台，它可以使企业各领域、各层级、各区域、各业务场景的员工通过统一的应用与分享平台和入口访问其各自所需的个性化知识与信息资源。构建以设计导航为核心的知识管理平台，应用现代管理、并行工程、人工智能、数据挖掘、网络通信等技术，实现企业内部设计数据、知识、外部专家网络及客户数据、知识的综合集成，有效提高设计院的创新设计、客户服务、安全控制、项目管理、经营决策等功能和市场竞争能力。如图 4-39 所示，是知识平台在整个研发平台中的地位和作用。

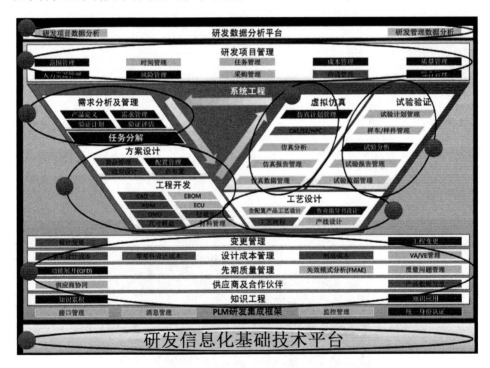

图 4-39　知识管理平台在研发平台中的地位和作用

以发动机设计知识管理为例，长安汽车动力院拥有使用 Pro/E 软件进行发动机设计的经验，以动力院 H 系列发动机为基础，建立一套发动机三维模板，包括发动机总体、缸体、缸盖、曲柄连杆机构、配气机构、前端轮系等主要分系统的三维骨架模型，以及缸体、缸盖的三维模型，模型包含最终成品模型大部分的特征，能够按照一定的范围进行自由变换、自由替换，从而提高发动机三维模型质量，缩短模型建模周期，缩短设计变更中模型的修改时间，规范所有设计师的设计方法，进一步提升发动机的研发水平。

（二）推进智能制造，建设智能工厂

1. 应用三维仿真，开展虚拟制造

基于三维"数字化工厂"技术的虚拟制造，突破了传统的靠经验进行工艺规划和设计的局限，提供了先进的数字化解决方案，提升了对汽车生产制造过程和生产布局方案进行模拟、仿真、验证、优化的能力，目前在世界先进汽车企业已经得到广泛应用。长安汽车 2014 年开始建设数字化工艺规划和仿真平台，并在长安汽车鱼嘴乘用车基地应用。以冲压、焊接、涂装、总装工艺流程为指导，进行三维工艺规划，建立焊接车间和总装车间的三维布局模型，开展冲压、焊接、涂装、总装生产线仿真（见图 4-40）和物流仿真，优化工艺方案。

（a）冲压焊接

（b）涂装总装

图 4-40　生产线仿真

2．建立智能工厂架构

长安汽车智能工厂具有数字化、网络化、智能化的高效生产模式。在整个生产过程中，生产系统运行着大量的生产数据及设备的实时数据，通过由"智能机器+智能标签+生产数据云"构成的工业互联网形式，实现车间产品、设备、物料全面互联。不仅对车体焊接、涂装、总装、检测等数字化设备的基本状态进行采集与管理，还对各类工艺过程数据进行实时监测、动态预警、过程记录分析，通过对这些数据进行深入地挖掘与分析，系统自动生成各种直观的统计、分析报表，反映到北京长安控制中心，实现对加工过程实时的、动态的、严格的工艺控制，确保产品生产过程完全受控，如图4-41所示。

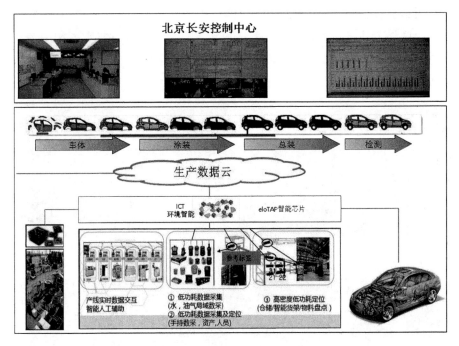

图4-41 基于产品/设备/物料互联的智能工厂架构

3．建设工厂信息化标准，实现快速投放与复制

管理先行，围绕"人机料法环"五大要素，搭建以生产资源计划管理系统（ERP）、生产执行管理系统（MES）和质量管理系统（MQS）为核心的工厂信息化标准（见图4-42）。选择一个工厂进行系统验证性建设，然后

向其他基地工厂快速推广。

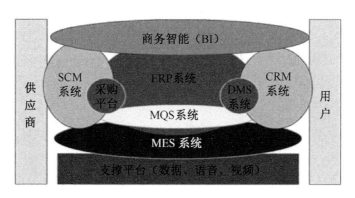

图 4-42 工厂信息化标准

长安汽车于 2002 年开始实施 ERP 系统，目前，ERP、MES 等系统已经覆盖长安汽车旗下所有生产基地。为建立标准工厂，于 2010 年开始建设 ERP、MES 等应用系统，信息化总投资达 3.2 亿元。

长安汽车数字化车间以渝北工厂为代表，通过 AVI、PMC、EPS 等数字化技术实现设备参数、工艺参数、质量信息、生产过程信息的全面收集。长安制造执行系统 MES 由生产过程控制、证书管理、设备管理、能源管理、全面追溯、停线管理以及质量管理等七大子系统组成。以高效支撑"多车型、多品种、小批量"柔性制造模式为目标，以总装下线为基准，制定"总装拉式平准化顺序"生产计划，通过生产过程控制来对生产排序、主数据管理、可视化等进行控制，以及通过质量管理系统、停线管理系统等来实现生产全过程的精益管理。通过 PLC、AVI、ANDON、RFID 等物联网设备自动采集生产全过程数据，实时监控产线运作，建立过程控制评价标准，实时展示生产控制指标，以数据支撑生产决策。

（三）开发智能汽车，打造智能产品

长安汽车以打造科技领先的产品为目标，积极推进智能产品开发。通过深度应用嵌入式信息技术，已开发出一键泊车、车道偏离报警、怠速启停智能节油系统等前沿智能驾驶技术；通过开发与运用车载信息系统及车载智能终端，并结合云平台，实现智能互联，提供远程故障诊断和车联网应用服务。

长安汽车基于"端管云"的智能服务系统（见图 4-43）为用户提供行车辅助、娱乐、生活服务、车互联、安防等服务，打造车主良好体验，已应用于悦翔 V3、悦翔 V5、CX20、逸动、CS35、CS75、睿骋等车型。而基于智能终端 TBOX 的远程故障诊断服务将车辆实时状态数据与 TSP 云平台打通，实现对车辆的实时状态监测与服务，已于 2014 年应用于睿骋和 CS75 车型。

图 4-43　长安汽车基于"端管云"的智能服务系统

2014 年长安汽车在北京车展上市的 CS75 车型，配备了长安自主研发的 inCall 智能行车系统，集安防警报、紧急救助、人工导航等专属服务，拥有通信、影音、资讯等六大项、二十余种功能，提供全时全方位无忧服务，荣获"2014 年度中国智能汽车大奖"，成为长安挺进互联网智能制造的代表，已累计销售搭载 inCall 的汽车 35 万辆，获得用户好评。

此外，长安汽车与华为、360 公司、高德导航、科大讯飞语音识别、中国联通、好帮手、远特 TSP 运营等建立了战略合作伙伴关系，通过实施"654"战略（如图 4-44 所示，是指 6 大平台：电子电器平台、环境感知及执行平台、中央决策平台、软件平台、测试环境平台、标准法规平台。5 大核心应用技术：自动泊车、自适应巡航、车联网、人机交互、智能互联。4个阶段：从辅助驾驶、半自动驾驶、高度自动驾驶到全自动驾驶），同时加强与 ICT、互联网、通信、电子领域的企业跨界合作，将新技术嵌入产品与研制过程，打造智能汽车。

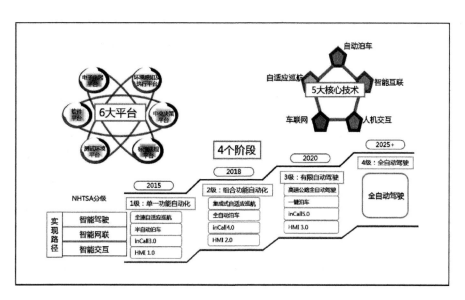

图 4-44　长安汽车智能化"654"战略

（四）实现个性化定制

中国汽车行业经历了十多年高速发展后进入了微增长时期，另一方面，用户也不再满足于大众化的产品，希望得到差异化的产品与服务，汽车行业正进入大批量个性化定制的时代。长安汽车个性定制化开启了从"以产品为中心"向"以用户为中心"转型。以新奔奔为例，作为个性化定制模式的试水车型，新奔奔（PPO 版）提供基于 8 种个性化配置的选配包。今后长安汽车每款车型都将有丰富的全方位定制方式，全系车型将会有上万种不同定制模式，以满足用户个性化的需求。

1. 推动 OTD（订单到交付）端到端精益化制造

通过订单到交付全流程再造，打通产销供运全过程信息系统，缩短客户订单交付时间和降低整车库存，实现 OTD 全价值链效益提升，如图 4-45 所示。

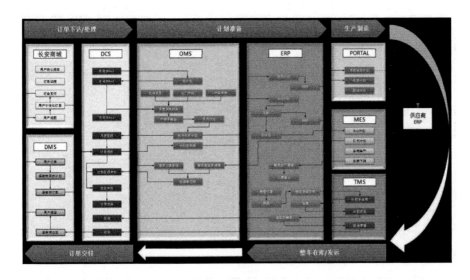

图 4-45　OTD 系统流程贯通示意图

2. 实现一车一单的跟踪分析

透明供应链全过程，推进一车一单，整体提升产品交付水平。图 4-46 是一车一单的跟踪分析界面。

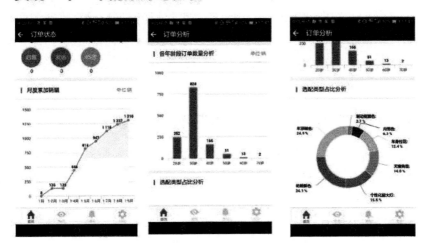

图 4-46　长安汽车一车一单跟踪分析

3．应用大数据技术实现精准分析

建立智慧的 CA-DDM 大数据云平台，以大数据为核心，着力打造全面、真实、透明、共享的数字化管理平台，提升决策的科学性和效率，驱动管理变革，如图 4-47 所示。

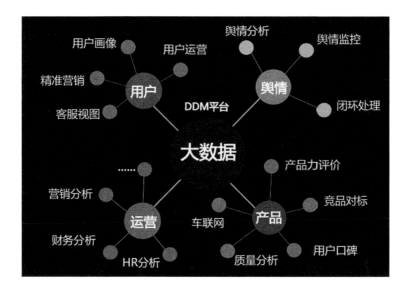

图 4-47　大数据应用场景示意图

（五）搭建电商平台，打造新型商业模式

长安汽车积极尝试应用开源技术、移动开发、大数据等技术，探索性建设长安汽车自主电商平台（见图 4-48）；积极开展淘宝、汽车之家等垂直电商的合作，开通长安汽车官方旗舰店，建立"选—买—用—养—卖"全生命周期的汽车服务，积极探索"互联网+营销"模式创新，探索数字化渠道变革新模式，2015 年网店销售车辆 23000 余台。

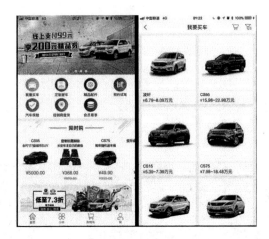

图 4-48　长安汽车自主电商平台——长安商城

五、主要成效

1. 研发领域

长安汽车坚持每年将销售总收入的 5%以上投入到研发领域，跻身中国汽车第一阵营，成为第一自主品牌，拥有第一研发实力。进入汽车制造行业 30 多年来，逐步形成了造型与总布置、结构设计与性能开发、仿真分析、样车制作与工艺、试验验证与评价的五大技术能力，以及项目管理、数字化协同研发的两大支撑能力。长安汽车整车研发周期从 42.5 个月降低到 34 个月，动力总成研发周期从 58 个月缩短到 41 个月，研发效率总体提升 30%。

2. 运营指标

- 直接促进汽车销售：2015 年在网络渠道销售车辆 23000 余台，其中自主乘用车 17000 余台，销售额超 11 亿元。

- 大力节约运营成本：2015 年 OTD 端到端流程建设缩短时长 2.5 天，支撑业务降低库存资金 3.5 亿元；在线研发的应用和推广，长安汽车每年在产品研发运营方面节约的费用在 1 亿元以上；大力开展虚拟化、开源开发等技术实施自主开发，提效降本，2015 年累计节创价值 3700 余万元。

- 有效促进长安汽车品牌形象：作为美国 MTC 唯一的中国伙伴，长安汽车在国际自动驾驶研讨会 2015 年年会上进行了技术展示，受到极大关注；长安智能制造项目分别入选工信部 2015 年智能制造专项项目以及 2015 年智能制造试点示范项目名单；长安汽车顺利通过国家工信部"两化融合管理体系"评定，成为全国首批的 200 家企业之一。

六、经验与启示

长安汽车利用已有数字化长安的智能优势，以建设和落实工信部"智能制造试点示范项目""长安汽车城节能与新能源汽车智能柔性焊接新模式"两个智能制造项目为契机，顺势而为，打造全价值链智能制造新业态，进而推动商业模式、决策模式、运营模式的创新转变。在商业模式方面，长安汽车电商将从借助第三方平台开展电子商务到逐步打造自主的电商平台转型。在决策模式方面，全面启动数据治理、数据分析平台建设，实现基于关键业务指标的各类分析模型，在质量、销售、采购、人力资源、OTD、制造、财务等领域挖掘数据价值，为公司全价值链精益提供数据依据，提高管理和决策的效率。在运营模式方面，通过电子商务、大数据分析、车联网的进一步实施，应用 IT 新技术提高产品智能化和互联化，增强用户体验，推进长安从"以产品为中心"向"以用户为中心"转型和"以制造为中心"向"以制造+服务为中心"升级。

长安汽车在管理和信息化方面的创新做法，坚持工业化和信息化深度融合，构建了企业标准化管理体系，以端到端流程推进企业从职能型向流程型管理转型；充分发挥"IT 是手段、IT 是产品、IT 是产业"的作用，聚焦研发、制造和营销领域的信息化建设，提升全价值链运营效率，具有很强的可借鉴性和推广性，其主要经验启示如下。

① 建立了一套完整的标准管理体系：基于简明、有效、合规的原则，建立了包含业务评估标准、业务操作规范、精益管理工具等在内的标准管理体系，统一管理语言，规范管理秩序，运用标准化、结构化、模块化的管理思路进行快速复制、远程投放，实现对同类型业务的统一规划、统一操作、统一评价。

② 以客户为导向开展企业端到端流程管理转型：从客户开始，开展端到端核心流程建设，用客户的需求贯通业务流程，打破职能式的管理方

式，所有的信息流、物流和资金流都围绕着为客户提供价值来流动，有利地促进了企业的高效运营。

③ 以"IT是手段、IT是产品、IT也是产业"为抓手，大力推进制造型企业向智能制造转型：通过以CAD/CAE/CAM/PDM技术为核心的数字化设计开发平台，全球协同设计，实现造型、工程化设计、CAE分析、试验验证等24小时不间断开发和远程协作，大力促进产品开发效率提升；围绕订单到交付的业务主线，标准化工厂信息化，透明制造各个业务环节，加快业务流转；积极响应客户需求，提供高效的信息化营销服务信息化手段和工具，带给客户愉悦的消费体验。

第五节　北京和利时案例分析

一、企业概况

和利时始创于1993年，集团总部设在北京，目前在北京、杭州、西安、新加坡等地设有公司和基地。其核心业务领域涉及过程自动化、工厂自动化、轨道交通自动化。经过22年的稳健发展，已成为自动化领域的国际知名品牌，是中国领先的自动化与信息技术解决方案供应商。

在过程自动化领域，和利时的工业控制系统成功应用在包括百万千瓦超临界大型火电站、千万吨级炼油装置、百万千瓦核电站仪控系统等重大工程和关键技术装备之中。在火力发电、石油化工、精细化工、冶金建材、食品饮料等行业应用套数累计超过20000套。

在工厂自动化领域，和利时自主研发的PLC及MC系列运动控制器，通过了CE、UL认证，产品已经广泛应用于地铁、矿井、油田、水处理、机器装备控制行业。

在轨道交通自动化领域，和利时研制的信号系统及系列产品获得了国际安全认证，其中，时速350km高速铁路列车的安全控制系统、大型城市轨道交通监控系统等高端产品在市场上得到广泛应用。

和利时还是国家认定的企业技术中心、国家创新型企业及全国优秀博士后科研工作站，承担"863计划"等国家级重大科技专项20余个，拥有自主产品开发专利及软件著作权300余项；参与并主持多项国家标准的制定。"和利时智能控制系统"项目以自主平台类产品身份入选工业和信息化部

2015年智能制造试点示范项目。

二、项目背景与建设目标

（一）项目背景

当前，我国制造业企业面临智能制造转型升级的紧迫形势，但是，由于转型升级的技术方案风险和项目投资规模巨大，超出了广大企业尤其是中小型企业的承受能力。

现有的制造系统大多采用 Purdue 大学提出的参考模型（PRM），即整个系统按照物理结构自下而上划分为生产过程层、控制层、监控层、生产执行层和经营管理层，各层相互独立，层与层之间通过数据接口实现双向的信息交换，DCS/PLC、SCADA、MES、ERP 等工业自动化系统和企业信息化系统分别与之一一对应，承担不同的工业控制逻辑或业务逻辑，如图 4-49 所示。

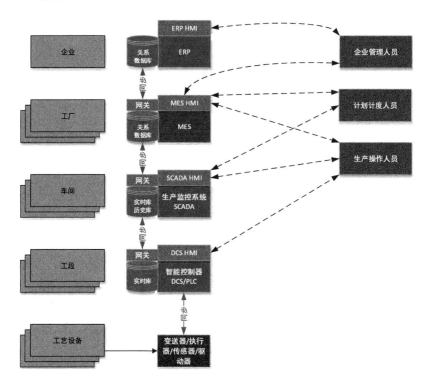

图 4-49　传统制造系统模型

由于采用纵向分层结构，图中控制层的 DCS/PLC 装置、监控层的 SCADA 软件、生产执行层的 MES 软件和经营管理层的 ERP 软件相互独立，分别从各自的视角建立数据模型和业务模型。同一个物理装置在不同层级的系统中有不同的数字化存在方式，不同的数字化系统之间通过上下层接口和网关实现数据的同步和互动消息的传递。

在大部分情况下，上行的生产过程信息的数量和频度向上逐级递减，下行的调控命令逐级分解；导致执行的结果不能得到有效监控，影响整个制造系统对客户需求的响应速度和自我调节能力。同时，每个层级之间都存在各自的数据和服务接口定义，各个厂家的定义和标准也难以统一，给全厂数字化集成带来了很大的障碍，系统的建设成本和维护成本很高。

这种层次化的传统工厂信息化模型与互联网时代扁平化、开放的、便于伸缩的体系结构相比，难以适应互联网经济对于制造业的大规模定制生产模式（Mass-customizationProduction）、多企业协同制造、从客户需求到交付服务的端到端集成等新的要求。和利时作为一家国内领先的自动化企业，立足中国的国情，开发了一套由可信智能控制器和智能制造系统软件产品组成的具有自主知识产权的智能制造系统（HOLLiAS）。HOLLiAS 系统采用全互联服务架构，将云服务、互联网等信息技术深度嵌入智能制造装备核心产品，并成功实现示范应用，具备了大规模推广的基础。

（二）建设目标

为解决传统智能制造纵向集成结构标准不一、互操作性较弱、难以适应互联网时代制造业新特点的问题，开发通用的 HOLLiAS 智能制造系统，该系统由可信智能控制器和智能制造系统软件产品组成，采用全互联服务架构，将云服务、互联网等信息技术深度嵌入智能制造装备核心产品，支持基于工业云的 Webservice 服务接口，可以与既有的 MES、ERP、PLM 等各种工业软件系统实现无缝集成。

HOLLiAS 系统可以部署在工业云中，通过开放的工业服务总线实现信息交换和业务逻辑之间的互动；支持基于工业生产过程模型的大数据分析和挖掘，实现生产过程的优化；系统还提供可组态配置的通用可视化平台，可以向不同类别的用户展现不同业务综合视图，实现生产制造过程的全面可视化。HOLLiAS 系统能够支持其他厂家基于开放工业服务总线的业务逻辑模块的嵌入和集成，构建以制造系统动态对象数据服务和工业服务总线为核心的开放生态系统，共同营造促进自主智能制造核心装备产品良性发展的生态环境，为我国的产业安全构建坚实的基础。

三、解决方案

随着互联网、云计算、大数据等技术的迅速发展，全互联、扁平化的互联网服务模式也开始向智能制造系统渗透，工业制造系统逐步摆脱原有各个业务层级独立运行、相对封闭的以业务逻辑为核心的传统运行模式，逐步走向开放、统一、扁平、以数据为核心的智能制造运行模式。

面向制造强国战略和"互联网+"，和利时提供了智能制造系统整体解决方案（HOLLiAS），其模型如图 4-50 所示。

基于全互联面向服务架构，将整个智能制造系统分为动态对象数据服务组件、业务逻辑组件、大数据分析组件、工业服务总线中间件、通用可视化平台组件和智能嵌入式控制器等部分；通过基于互联网的工业服务总线实现各种组件之间的信息交换和互动；基于通用可视化平台，可以向不同类别的用户展现不同业务综合视图，既可以在用户层面兼容传统的操作使用模式，又可以后台实现数据服务和业务逻辑综合集成，主要特点如下。

（1）扁平开放可伸缩的架构。

与传统的 Purdue 模型相比，智能制造系统突破了层次递进的关系，通过统一命名空间的制造系统动态模型实现对物理世界中实体的映射，通过基于互联网的工业服务总线实现各子系统的扁平化连接，通过云计算和大数据实现业务逻辑层的商业智能化。

（2）统一命名空间的制造系统动态模型。

通过智能嵌入式控制器的感知能力，实现存在于数字空间的制造系统动态对象模型与物理世界生产设备的同步映射；制造系统动态对象模型可以根据接收的生产指令和感知的运行环境的变化，通过业务逻辑处理，自适应调整模型的运行模式，并通过智能嵌入式控制器输出到物理设备，实现数字空间与物理世界的双向映射和融合。统一命名空间的使用，使得传统各层级应用软件以及智能控制器之间的数据和服务提供遵循一致的标准，为智能控制系统的偏平化打下坚实基础。

（3）基于互联网的工业服务总线。

整个智能制造系统的网络基于全互联架构，采用标准、开放的工业服务总线和模块化架构，实现对象化数据服务和业务逻辑模块之间的信息交互和联动；采用"生产者—消费者"模式，降低应用服务和基础架构之间的耦合性，创造自主化的、开放的生态环境。

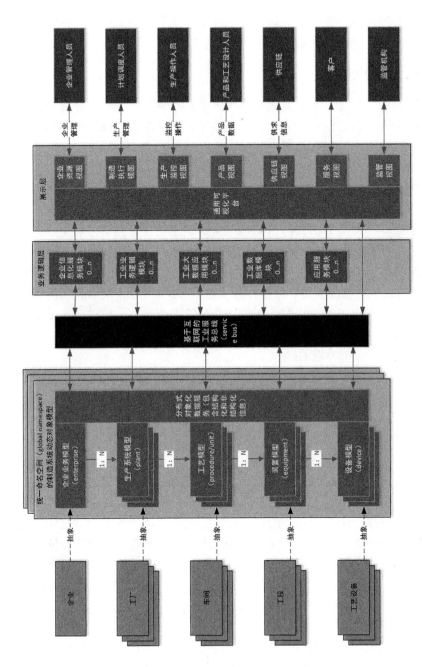

图 4-50 基于全互联服务架构的智能制造系统模型

（4）有效利用工业云，降低智能制造工厂的运维成本。

基于大型并行实时历史数据库，支持海量数据的存储和处理。采用工业混合云服务，在工业私有云中保存敏感数据的前提下，将智能制造系统大部分的业务逻辑和服务组件迁移工业公有云中，不但解决中小企业对于基础 IT 设施维护的难题，而且提供 PaaS 层的二次开发工具和服务接口，为大型企业自主开发业务逻辑应用提供基础。

（5）有效利用大数据，实现预防性维护。

全互联结构的智能制造系统不但实现对于生产过程和运行环境的全面感知，支持基于大数据的设备管理，实现预防性维护，减少非计划停机。

（6）智能控制器。

系统的可信智能控制器具备对自身状态和运行环境的感知能力，保持自身最优运行状态，并提供支持工业云的网络通信接口。

（7）全面可视化。

系统提供用户组态配置的通用可视化平台，可以向不同类别的用户展现不同业务综合视图，实现生产制造过程的全面可视化。

（8）信息安全。

在智能嵌入式控制器中采用多处理器和安全隔离的设计，增加安全处理器对来自互联网的信息进行有效的过滤和审计，在剥离通信报文中协议信息后，将应用信息通过独立的双端口访问通道实现与实时控制运算处理器的交互，有效保证工业生产过程的安全。

四、实施内容与路径

本项目分为以下三个阶段实施。

首先，开发基于全互联服务架构的智能制造系统产品（HOLLiAS），主要包括可信智能控制器产品和智能制造系统软件产品，如统一命名空间的制造系统动态对象组态软件、制造系统动态对象数据服务软件、基于云服务的通用可视化平台软件、开放的工业服务总线中间件、工业云服务平台软件（工业 PaaS）。

第二，将已开发的核心架构产品在和利时工业控制产品制造工厂进行示范实施。

第三，推广全互联服务架构的智能制造系统。

（一）开发可信的智能控制器产品

智能控制器是虚拟数字世界与现实物理世界的交汇点。一方面，来自现实物理世界中的设备数据（来自各种传感器、驱动器、变送器、执行器

等）由控制器收集并上传至分布式对象化的数据库；另一方面，来自工业服务总线的各种应用指令由控制器整理并下发给各设备，以完成特定的产品制造工艺动作。因此，嵌入式控制器的功能性要求非常高，必须具有强大的计算能力和丰富的通信能力，以便完成各种复杂功能。它的功能和性能

图 4-51　和利时智能控制器

已大大突破传统 PLC 的定义，成为车间控制和工业物联网的中枢部件。包含高速机械运动控制、伺服系统网络控制、机器人网络协调控制等功能；支持 IPV4 和 IPV6 协议、支持网络浏览器、内置信息安全防护、支持网络远程维护、控制规模可达万点信号。和利时智能控制器如图 4-51 所示。

（二）开发智能制造系统软件产品

1．智能工厂建模工具

它采用面向应用的图形化组态方式，提供常用的工业基础设备库，基于 JavaScript 的对象行为描述语言，支持基于 XML 的服务接口描述语言，具备数据字典定义、类库定义、实例生成、关联关系定义等功能，可以便捷地建立实体工厂的数字化虚拟模型，如图 4-52 所示。

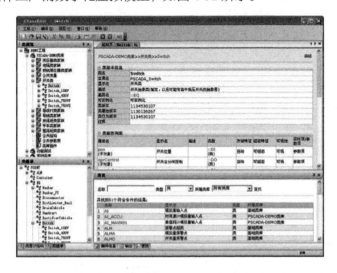

图 4-52　和利时智能工厂建模工具

2. 智能工厂数据服务软件

面向对象是制造系统对象数据服务软件数据和功能一体化组织的基础。工厂各设备组件都有全面的描述，并通过可视化的图形方式显示出来。这种图形化、数据化的描述（包括与设备组件相关的所有数据）构成了数据库中的单个单元，即对象。相关数据表、列表和其他文档均与相应对象关联，既可以基于对象完成监视和运算，也可以基于对象对系统进行仿真。制造资源及其能力的语义描述也可以通过对象类型来刻画，其不同维度的视图可以供企业集成各个级别的系统（如 MES、SCADA 等）所使用。

智能工厂数据服务软件是一种面向服务架构，与一般信息系统中负载平衡不同的是，制造系统对象数据服务软件既要面对底层设备/装置的分布式数据采集，又要面向来自纵向/横向的实时数据访问。因此，它采用负载均衡技术和服务等级概念，为各类智能控制云端应用软件提供了统一的数据存储、处理和信息交互服务，同时也与实体工厂进行数据交换。采用分布式并行处理结构，支持动态对象加载，设备接入即插即用；支持非结构化数据服务，支持基于内存的实时数据库，也支持大型关系数据库；满足百万设备规模级别的快速并发处理要求。

3. 工厂数据总线

工厂数据总线用于基于 Web 服务的工业应用之间的数据交换，设计目标是使用标准的网络基础设施访问大量实时数据，同时保持足够高的性能。工厂数据总线为工厂实体设备数字化接入云端提供了一致的数据交互接口。如图 4-53 所示，和利时基于开放的国际标准 IEC62541（OPCUA）协议的数据服务中间件，提供跨平台的实时、历史、报警、事件服务接口，提供非结构化数据服务接口；内嵌信息安全协议，保证工业生产的安全访问。

4. 基于云服务的通用可视化平台软件

它是基于云计算平台的透明工厂展示软件和人机远程移动操作交互软件。支持跨平台应用，支持移动客户端；提供二次开发接口，支持第三方应用插件；提供丰富的工业图形对象库，提供面向用户的图形组态工具。主要工具如下：

（1）图形设计工具

图形设计工具用于对产线布局，设备图符样式等进行建模与设计。在本项目中，和利时提供一个功能强大的图形设计工具，在此图形设计工具中，

系统内置了直线、曲线、椭圆、矩形、扇形、贝塞尔曲线等各种常用基本图元以及编辑框、树、下拉框等各种控制命令对话框，同时，系统除了内置的报警、趋势、事件等各种功能复杂的空间，还提供控件开发工具用于控件扩展，支持应用开发，针对特定行业开发特定插件，如图4-54所示。

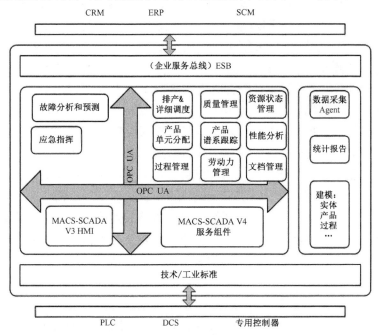

图4-53　工业服务总线中间件

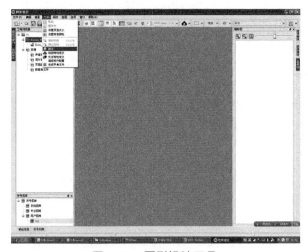

图4-54　图形设计工具

（2）在线数据访问接口

通用可视化软件通过定义一层抽象的数据访问接口用于实现图形软件与数据服务软件的解耦，在线数据访问接口层采用内存数据库技术，用于封装对实时数据、报警数据、历史数据、文件、关系数据库表单等结构化数据和视频、音频等非结构化数据等访问。

（3）图形在线引擎

在线引擎作为通用可视化平台软件最为核心的模块，和利时的通用可视化软件支持在 Windows/Linux/iOs/Andriod 各种操作系统与移动终端上运行。其中 C/S 图形在线软件采用 QT 图形库以及脚本引擎技术，支持在 Windows、Linux 上运行。B/S 图形在线软件采用 HTML5 以及 Javascipt 脚本技术，支持在 IE10、Google 的 Chrome、苹果的 Safari、火狐的 Firefox 等各种支持 HTML5 标准的浏览器上运行。

（三）工控产品数字化车间示范

为了验证全互联服务架构的智能制造系统（HOLLiAS）的可行性和应用效果，和利时采用 HOLLiAS 系统在和利时电子公司实施了示范应用。

1. 整体技术路线

和利时电子产品制造数字化车间是一个基于全互联服务架构的、高度集成的自动化/信息化的整体解决方案，通过建立物理世界与数字空间的双向映射逻辑关系、搭建实际动态对象数据服务组件、通用可视化平台组件，借助工业服务总线平台，集成 ERP、MES 的业务逻辑功能，结合和利时的 PLC/MC 等自主控制系统、数据采集系统，达成纵向、横向和端对端的集成，使制造过程人与人、人与机器、机器与机器以及服务与服务之间能够互联，从而实现工厂范围内的高度集成，实现智能制造。由于采用了基于统一对象模型的"工业服务总线"和面向服务的设计思想，原先企业资源管理现场控制、生产监控、生产管理等各个层次的界线变得模糊，软件结构趋向扁平化。设备与设备之间、不同层次模块之间的数据能够基本无障碍地流动，呈现出企业内"全互联"的特征。

2. 建立工厂统一对象模型

采用统一的对象模型，是智能制造系统"全互联"的数据结构基础。

和利时的 MES 系统参考 ISA95、ISA88 标准，结合集成的 SAPERP 系统，建立基于 OPCUA 规范定义的各种对象集，包括：物理结构、物料、工艺路线、生产任务、设备、文档、组织结构、报警事件以及各种业务逻辑。所有软件模块和物理设备均以此为标准进行数据交互。

3. 分布式对象化数据服务

面向底层的数据采集和面向高层的数据传递，由于厂商和设备标准不同，各种传输协议混乱，数据解析和传递复杂度高、软件耦合性强。为解决此问题，和利时基于全互联服务架构的智能制造系统提供了分布式数据服务接口，不同工段的数据由物理空间上分布部署的 IO 服务器采集，并存储到工厂数据库中，各个业务层应用通过数据服务接口获取想要的数据视图。面向底层设备的数据采集接口以及数据库结构，在设计上均采用了上节所述的统一对象模型，本项目要求各个设备厂商提供符合该模型的设备驱动或适配器，部分老设备由和利时重新开发驱动程序。目前所有设备的数据均可获取，生产指令也可下达到具体设备，系统部署如图 4-55 所示。

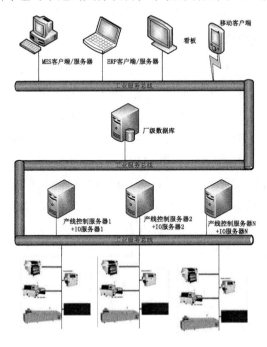

图 4-55　分布式对象化数据服务

4. 工业服务总线

基于全互联服务架构的智能制造系统，采用了完全的面向服务设计思想，所有业务应用功能均以服务的形式实现。所以它提供了一个服务总线，内嵌服务管理机制和协议、消息和事件管理机制，以及信息安全机制，并提供了 SDK 开发包。任何按照上述服务协议（或使用 SDK 开发包）开发的业务服务模块可直接挂接到本总线上，大大增加了软件的开放程度，降低了集成难度，使得快速定制化开发、响应用户个性化需求成为可能。

对底层设备，该总线提供了统一的驱动接口，凡是符合接口形式要求的设备驱动，都可以挂接到本总线上，作为标准设备提供数据。这样，产线上所有设备都挂接到该总线上，统一由数据服务器管理，如图 4-56 所示。

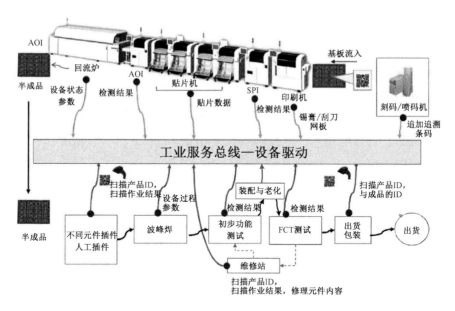

图 4-56　工业服务总线

5. 模块化应用

基于全互联服务架构的智能制造系统，其服务总线之上是各种模块化的应用，可以根据业务需要进行模块化的无缝衔接与互联。比如 ERP 层面

上的库存管理模块、生产管理模块、质量控制模块、成本核算与控制模块、财务管理模块；MES 层面上的生产过程管理模块、物流管理模块、计划管理模块、设备管理模块、质量管理模块等；数据采集层面上的各种设备通过统一的标准接口也可以模块化地连到服务总线上。

6．实现三大集成

基于全互联服务架构的智能制造系统数字化工厂解决方案，实现了产品制造的纵向集成、横向集成和端到端集成。

（1）纵向集成

纵向集成是指企业内部从资源计划到生产制造各个体系间的集成。从架构上看，无论底层的现场层，还是 PLC/MC 控制层、操作层、执行层和企业管理层，各种设备与控制单元、执行单元、管理单元等通过对象化模型以及工业服务总线统一起来，通过自动化信息数据的实时交互，从而有效地实现从产品设计到生产的自动化和智能化。

（2）横向集成

横向集成一方面打通车间价值网络，使车间各个制造设备通过各种标准接口和数据采集系统实现互联，使得前后各工艺的设备协同工作。另一方面，横向集成实现了制造过程的进入物流、生产、外出物流、市场之间价值互联，通过价值网络，实现不同公司之间的原材料、能源和信息的交换，见图 4-57。

图 4-57　不同公司之间的横向集成

（3）端到端集成

端到端集成是跨越整个价值链的，从需求到交付、跨越工业企业整个价值链各阶段（设计和开发、生产规划、生产工程、生产执行、产品和服务）的数字信息系统集成，见图 4-58。

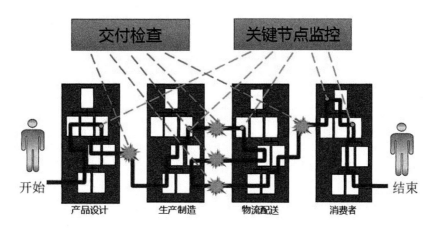

图 4-58 流程跨越产业链各环节形成端到端的贯通

端到端集成同时解决了门户集成、流程的集成以及数据与服务的集成。门户集成通过和利时全互联服务架构智能制造系统中的工业服务总线，解决信息的统一访问和展现，实现现有系统的单点登录，实现信息的集聚、人员的集聚、任务的集聚，实现企业内部的在线协作；流程的集成是实现跨系统、跨部门的业务协作，解决现有业务逻辑系统之间的片段流程断点问题，实现业务信息的及时传递，实现端到端的流程协作；数据集成是解决异构系统之间的连通性问题、数据交换问题、生产设备实时数据的采集问题，如图 4-59 所示。

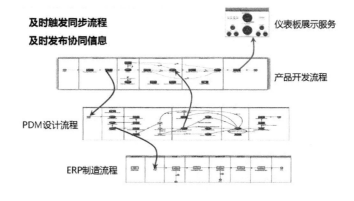

图 4-59 跨平台连通流程实现多元化协同的能力

五、主要成效

为了验证全互联服务架构智能制造系统的可行性和应用效果，和利时集团基于自有软硬件产品，在和利时的工业控制产品制造工厂实施了全面的升级改造，改造范围包括工业控制产品生产线、生产监控系统、MES 和 ERP 系统，截止到 2014 年底，第一期升级改造已经完成，已经具备了工业控制产品数字化车间的基本形态和生产能力。

以工控产品数字化车间智能化改造为例，在实施智能制造改造前，年产能约 30 万个模块，产品一次直通率约 96%。

在完成改造后，数字化车间达到如下效果。

① 年产能达到 120 万个模块，产品一次合格率高于 99.5%，产品返修率低于 0.4%，生产人员减少 30%，能耗降低达 10%，生产指标整体达到国际同行的先进水平。

② 实现覆盖产品全生命周期的协同制造，通过 ERP、MES、SCADA、PLC/MC/机器人、智能传感器/执行器的纵向集成，实现按照订单生产的多批次、小批量的用户定制化制造过程，减少库存，降低产品制造成本。

③ 除了采用大量具备网络接口的智能化生产设备外，还采用 PLC/MC改造传统的非智能化生产设备，实现生产设备的全面网络化和智能化，不但可以提高劳动生产率，节约大量的人力，同时也有效稳定了产品的质量。

④ 采用智能化的生产作业管理系统，实现快速的生产线产品转换。

⑤ 采用基于 SCADA 的智能看板系统实现制造过程的可视化管控，通过智能化的设备监控、报警管理和预防性维修，及时发现制造过程中存在的问题，消灭事故隐患，避免生产过程的意外中断。

⑥ 采用智能化的能源管控，合理优化生产过程，降低单位产品的能耗。

⑦ 采用三维机械设计软件、电子设计软件和数字仿真模拟软件，实现产品的数字化设计和仿真，缩短从设计到生产的转换时间。

⑧ 采用自主开发的产品数据平台统一管理产品数据，实现版本的精确控制和数据格式的准确转换，并能够按照生产作业系统发出的指令自动通过网络向生产设备装载所需的产品数据，降低产品转换的时间，提高生产设备使用效率。

六、经验与启示

本示范项目是一个基于互联网思维的智能工厂模型的创新和示范应用。开发的全互联服务架构，可作为工业企业（包含离散制造业和流程制造业）普遍适用的新一代工厂自动化、数字化和智能化基础架构，其对于智能工厂系统的地位，类似于操作系统在计算机行业中的战略地位，可以理解为互联网时代的智能工厂操作系统。因此，该项目提出并研发的全互联服务架构平台，可以作为各类工厂级和企业级的统一架构平台，在平台之上再承载各种特定应用（APP），比如 MES、ERP、PLM 等。作为一个通用的智能工厂操作系统，其可复制性可涵盖全部制造业和其他生产企业（如发电行业企业）。

本项目基于全互联服务架构之上，改造了传统 ERP、MES 等应用软件逐层开发应用接口的方式，而是变革为所有的工业应用均基于统一的服务接口，与全互联服务架构的服务总线连接，大大简化了系统的设计，同时改进了系统的可伸缩性，具有很高的可复制性和示范推广价值，具体如下。

① 用中国自主可控的智能装备产品实现中国工业的智能化升级转型，确保国家产业安全，本项目立足我国制造业智能化升级的巨大市场需求，面向国家产业安全的需要，创新性提出了基于全互联服务架构的智能制造系统模型，该模型为建造我国自主知识产权的智能制造技术、标准和产品的生态系统打下了坚实基础。

② 本项目提出并研制的全互联服务架构，不仅仅是一个创新项目，其重要意义和示范作用还在于它是一个通用的技术标准体系，目前是企业标准，未来有望联合国内同行，进行增补性开发，成为行业标准甚至国家标准，成为制造强国战略的重要技术支撑，也构成了智能制造方面的"互联网+"的重要行动。

③ 采用工业云服务技术，可以有效降低最终用户的长期维护难度和运营成本，适应于大量的中小微企业的智能制造改造升级，具有良好的示范作用。基于云计算的工业服务平台，还可以大力推动装备制造业向制造服务业升级，对流程工业和装备制造业具有普遍的示范效应。

第六节　美的集团案例分析

一、企业概况

美的集团，1968 年成立于中国广东佛山市顺德区，是一家领先的消费电器、暖通空调、机器人及工业自动化系统、智能供应链（物流）的科技集团。主要家电产品有家用空调、商用空调、大型中央空调、冰箱、吸尘器、取暖器、电水壶、烤箱、抽油烟机、净水设备、空气清新机、加湿器、灶具、消毒柜、照明等，以及空调压缩机、冰箱压缩机、电机、磁控管、变压器等家电配件产品。现拥有中国最完整的空调产业链、冰箱产业链、洗衣机产业链、微波炉产业链和洗碗机产业链。美的在 2017《财富》世界 500 强排名中位列 450 位。2016 年，其"智慧空调数字化工厂"项目列入工信部智能制造试点示范典型案例项目。

二、项目背景与建设目标

（一）项目背景

传统的家电制造模式需要转型升级，以适应智慧家居产品换型速度快、大规模个性化的特点。在此形势下，美的公布了"M—Smart 智慧家居"战略，计划打造以"空气、营养、水健康、能源安防"为主题的四大智慧家居管家系统。空调产品是智慧家居中空气智慧管家的最重要部分。

因此，针对传统家电行业转型升级的需求，美的深入开展了智慧家居产品的数字化工厂建设（见图 4-60）。

图 4-60　美的集团智慧空计数字化工厂

（二）建设目标

围绕数字化工厂的建设目标，按照从上至下的思想构建工厂的智能化管理决策平台，整合工厂 ERP、PLM、SCM、CRM 等核心应用系统，构建工厂的智能化核心支撑平台；在建设 QMS、WMS、MES 等系统的基础上，进一步提高与其他系统的整合及协同建设。根据工厂的不同生产车间生产线的建设情况，通过综合运用核心智能制造装备对生产线进行改造，以及完善信息网络建设等手段，提高各车间的互联互通和数字化建设。通过本项目实施，力争将美的建设成为家电行业领先的具有示范作用的数字化工厂，并推动中国家电行业的数字化转型升级，带动相关智能软硬件核心装备供应商的发展。

三、解决方案

图 4-61 所示的是智慧空调数字化工厂总体建设框架（解决方案）。项目主要内容包括：大量采用智慧家电智能制造核心装备用于外机、内机、两器、电子等七大车间的建设，完善信息驱动的智能物流与仓储系统建设，完善基于生产过程的实时数据采集与可视化管理系统，综合集成智能化核心软件支撑平台，建设供应商协作云，建立数据驱动的智能管理与决策平台。综合以上内容，完成美的从车间到工厂的数字化建设，建成具有示范作用的智慧空调数字化工厂。

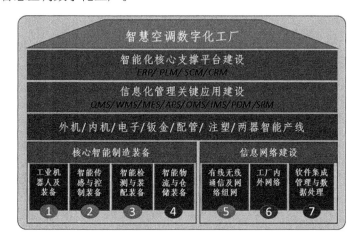

图 4-61　智慧空计数字化工厂总体建设框架（解决方案）

四、实施内容与路径

（一）自动化（硬件设备）建设

1．全自动生产线

运用先进的专用机器人、传感与控制技术以及智能物流技术等将现有的空调外机生产线建设成为集装配、检测、包装及物流于一体的高度智能化标杆线。生产线上关键信息通过扫码、RFID 或其他智能传感器上传到MES 系统或区域控制模块；MES 系统可以根据智能算法或人员决策实现全局调配，局部控制模块根据设备反馈信息自动调整工艺参数，完成从点到面的信息交流和智能控制，见图 4-62。

图 4-62　全自动空计生产线

2．空计核心部件制造专用机器人

针对家电核心零部件的装配制造工艺需求，在部装及总装生产线的零部件装配、螺钉锁紧和上下料过程中，大量推广应用多关节工业机器人。依照零部件自身特征设计相应的工业机器人夹具和焊接、锁螺钉等专用末端执行器，并配套组织适合智能化生产的多功能随行工装、滚动摩擦线体等，组建完整的智能生产线。

（1）装配机器人

图 4-63 是全自动生产线上应用的装配机器人，图 4-64 是双机器人安装模式。

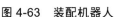

图 4-63　装配机器人　　　　　　图 4-64　双机器人配合安装

（2）智能锁螺钉机器人

在空调内外机装配中，锁螺钉是一项基本的操作，传统的生产线上采用人工操作电动、气动螺丝刀的方式，人员投入大、锁钉效率低，装配工艺性和产品一致性难以保证。武汉美的引入先进的智能锁螺钉机器人满足内外机锁钉需求，如图 4-65 所示。在图 4-66 中，末端执行器与送钉装置之间用气管相连，采用吹送方式送钉，振动盘方式送垫片。锁钉执行器上装有力矩传感器，可以通过参数设置调节预紧力的大小。

图 4-65　智能锁螺钉机器人

（3）空调外机铜管高频复合焊接机器人

传统外机生产线上铜管的焊接，采用人工手持焊枪的方式，焊接效果受工人技术和经验影响很大。外机智能生产线上采用高频复合焊接机器人（见图 4-67）进行焊接，效率和一致性得到了保证。焊接系统设有机器视觉装置、红外测温仪、自动送丝装置和保护气输送装置。高定位精度的机器视觉实现了对外机不同位置铜管的自动识别与焊接。

图 4-66　自动锁压缩机螺栓

图 4-67　空计外机铜管高频复合焊接机器人

（二）信息化（软件系统）建设

1. "632" 智能管理与决策平台

"632" 智能管理与决策平台是一个综合性的管理与决策平台，集成了六大运营系统、三大管理平台以及两大技术平台。六大运营系统主要包括 PLM、APS、SRM、ERP、MES 和 CRM，三大管理平台主要有 FMS、HRMS 和 BI，两大技术平台是 MIP（MobileInstantPages，移动网页加速器）和 MDP（ModulartoolkitforDataProcessing，模块化数据处理系统）。

"632" 智能管理与决策平台贯穿工厂的市场、研发、计划、采购、制造、销售、服务和财务等流程，如图 4-68 所示。

2. 基于工业互联的实时数据采集与可视化管理

（1）建立实时数据采集系统与实时数据库

如图 4-69 所示，高达 10000 个的数据采集点分布在各个生产环节，比如外机装配过程中随行工装板底部带有 RFID 标签，记载产品检验是否合格、型号、数量、种类等信息，同时周转车在仓库上料和上件工位下料时，均通过 RFID 读取核对周转车内物料信息。结合条形码、视频监控等采集手段，可以将生产过程的各类信息进行采集，并通过网络传输到存储节点中。

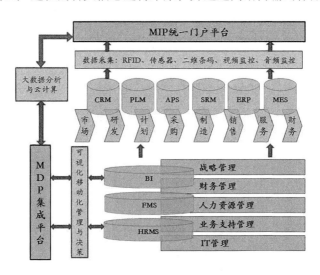

图 4-68　"632"智能管理与决策平台

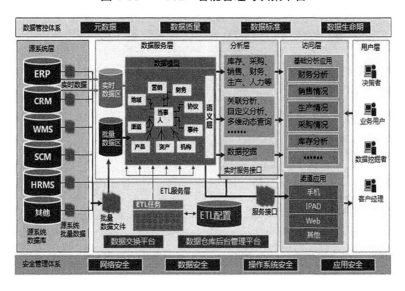

图 4-69　美的数字化工厂数据采集系统架构示意图

（2）可视化管理

生产数据通过工业以太网实时传输到工厂的数据库，通过大数据挖掘

技术，实时分析各生产车间的生产进度、效率、品质等信息；通过监控生产车间的设备运行状态，及时发布设备故障监控信息，合理进行调度；通过生产库存分析，进行物料的预警监控。所有的数据经过汇总，通过中央看板集中显示，管理者可根据生产信息进行快速决策与管理，如图 4-70、图 4-71 所示。

图 4-70　中央监控室

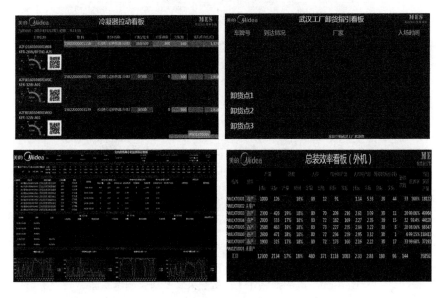

图 4-71　各类看板

（3）移动化管理

美的发展了包括美信 APP、邮件、短信、微信等多种信息推送方式，及时反馈异常情况和生产过程的状态信息，根据分析评估结果和标准作业程序，发出异常处置指令，关闭异常作业，对生产过程进行移动化管理与控制，实现云端管控，如图4-72、图4-73所示。

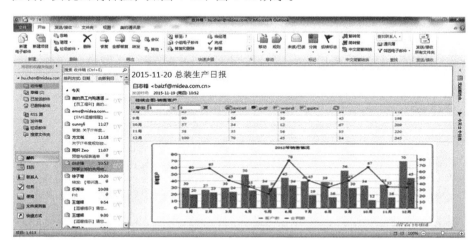

图 4-72 报表邮件推送

图 4-73 APP 决策数据

（三）搭建供应商协作云平台，实现供应链信息化

美的现有 3000 多家材料供应商，20000 多家非材料供应商，产品从小

家电到大家电，覆盖范围广，品类多，给整个集团的供应链管理带来了非常大的挑战。通过"632"计划，美的将原有的 100 多个 IT 系统整合成六大系统、三大平台、两大门户，提出了"智能产品+智能制造"的"双智"战略，强调要做全价值链的数字化经营，实现互联网化、移动化、智能化。具体思路是用数字供应链来支撑全价值链运营，从计划物流、采购执行到供方协同，再到生产出货，通过数字供应链的支撑，从传统大规模的制造，向 C2M 小规模小批量生产转变。因此，美的搭建了供应商协作云平台，实现了与供应商的高效协同，整个价值链从订单就开始与供应商进行协同，在排产、采购、物流、绩效考评、品质、财务等方面打通信息。

在供应商管理方面，通过流程固化，"以品类划分为基础，以绩效评价为核心"的供应链管理模式；通过 SRM 系统的实施应用，提升供应链管理的"规范化、透明化、去人为化"程度。为了实现数字化的供应商管理，美的建立了供应商绩效综合评估模型，实现供应商先分类再排名，按标准应用，公平公正，优胜劣汰；建立了供货比例制定模型，实现约束权限、自动计算、监控过程；建立料费分离价格模型，规范定价、核价过程，对无法实施料费分离定价及联动调价的物料进行整体定价，SRM 系统对整体定价的物料自动计算升降率、价差率、最低价等支撑信息，全面实现价格把控。

为了与供应商在业务方面顺畅协作，美的建了公有云平台，美的把生产计划、采购订单发到公有云平台，供应商在云平台上收到信息后可进行排产。此外，美的还建立了协作云门户，实现送货通知、物流轨迹、车辆入场、卸货管理、物流详情等协作信息的透明化，整个协作流程如图 4-74 所示。

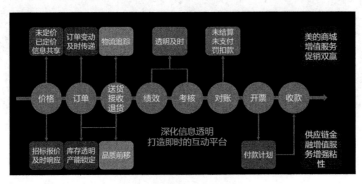

图 4-74 基于供应商云平台的协作流程

五、主要成效

	成效评价项目	实施前	实施后	变化情况
智能制造实施前后成效对比	运营成本	186 元/套	173 元/套	降低 7%
	生产效率	1400 套/人年	1650 套/人年	提升 17%
	产品研制周期	10 个月	7 个月	提升 30%
	产品不良率	0.3%	0.28%	下降 6%
	能源利用率	10.38 元/套	9.56 元/套	降低 7.8%

六、经验与启示

1. 长远规划、分步实施

系统思考如何建设智能化工厂，减少盲目投资，重复投资。

① 由点至线，由线至面分阶段投入。

② 在过程中学习，在过程中纠正。

③ 自动化、信息化协同推进。

④ 充分结合企业的实际情况，选择合适的方案。

2. 培养本土供应商

智能制造产业刚刚兴起，国内供应商大多处于起步阶段，设计开发能力不足。核心零部件主要依靠进口，成本高、响应慢。同国外产品相比，国产设备在价格和供货周期上具有较大优势，采用自购核心部件再由国内厂商系统集成的方式，既可保证项目的整体经济性，又可保障核心工序的工艺要求。

3. 自行开发设计

自行设计自动化设备成本低，特别是简易自动化设备，往往几百元的成本能解决大问题。同时利于公司培养人才、吸引人才。目前美的自行设计开发成功的自动化设备都由技术人员或者班组设计制作完成。

第七节　航天智造案例分析

一、企业概况

中国航天科工集团公司是中央直接管理的国有特大型高科技企业，拥有专业门类配套齐全的科研生产体系，在装备制造与信息技术领域拥有尖端的产业技术优势，具备发展工业互联网的基础和能力。北京航天智造科技发展有限公司（以下简称"天智公司"）是航天科工所属高科技互联网公司，秉承创新、协调、绿色、开放、共享的发展理念，以"资源共享、能力协同、互利共赢"为目标开发高端生产性服务平台，倾力打造世界首批、我国首个工业互联网平台——航天云网，为政府、行业组织、企业等用户提供基于"互联网+智能制造"的云制造、创新创业、工业商城等产业服务，是航天科工抢占互联网经济制高点的重要行动主体。

航天云网包括云研发服务平台、云制造服务平台、云创业服务平台、云营销服务平台等，有国内版和国际版两种运行模式。航天云网的业务领域聚焦在云制造、创新创业、工业品商城、金融服务和高效物流五大业务领域，发挥航天云网产业服务体系的协同作用，为航天云网平台用户开展协同制造、对外公开采购、产品服务营销等业务提供平台服务，为地方政府、行业企业提供公共平台服务，构建航天云网产业生态系统。

2015 年，天智公司的"复杂产品智慧云制造"项目入选工信部智能制造试点示范项目。

二、项目背景与建设目标

（一）项目背景

航天科工集团李伯虎院士于 2009 年率先在国际上创新提出云制造的技术理念，基于航天高端装备制造系统工程，开始了云制造的研究与实践，为中国制造业转型升级进行实践探索。随着近几年云计算、大数据、嵌入式仿真、移动互联网、高性能计算、3D 打印等技术的快速发展，为加强云制造的智慧化提供了技术支撑，智慧云制造也于 2012 年开始研究与探索。智慧云制造是一种"互联网+"下的互联化、服务化、个性化（定制化）、社会化的智能制造新模式，它以大数据为中心，汇集个性（定制）化、社会化/柔性化、服务型等模式，是"互联网+传统产业"的深度融合，如图 4-75 所示。

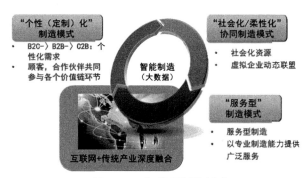

图 4-75　智慧云制造模式

（二）建设目标

针对科工集团自身装备制造转型升级战略的需求，依托航天科工集团在智慧云制造模式理念及关键技术方面的优势，建设航天科工智慧云制造公共服务平台，实现集团型企业产业链全业务环节的业务协作，覆盖产业链的整个环节，从工厂（企业）、生产线到制造单元/设备多个层面开展智慧云制造的试点示范，如图 4-76 所示。

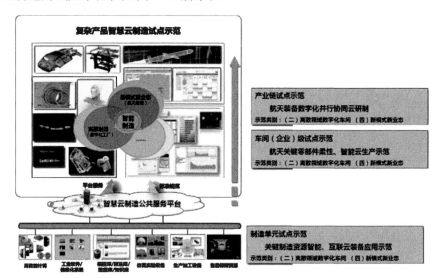

图 4-76　复杂产品智慧云制造试点示范内容

三、解决方案

面向航天复杂产品的云制造服务平台（航天科工专有云制造平台）的总

体架构（解决方案）如图4-77所示，为资源层、平台层和应用层三层体系架构，通过整合分散在各主体单位中的数百万亿次的高性能计算资源（以峰值计算能力计）、数百TB的存储资源，数十种、数百套机械、电子、控制等多学科大型设计分析软件及其许可证资源，总装联调厂等多个厂所的高端数控加工设备及企业单元制造系统等，提供航天复杂产品制造过程各阶段的专业能力（如多学科虚拟样机设计优化能力，多专业、系统和体系仿真分析能力、高端半实物仿真试验能力等）。

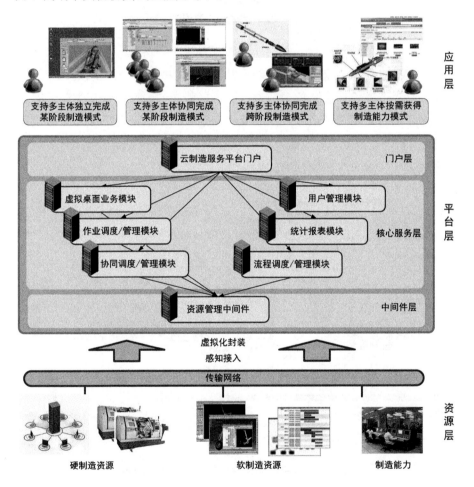

图4-77　航天科工专有云制造平台总体架构

四、实施内容与路径

航天复杂产品的研制过程需要经过多重研制回路（包括控制系统闭合、指控系统闭合等），每个回路的过程总体上可以分为研发和生产两大阶段，智慧云制造为整个复杂产品协同制造过程带来了新的模式和新的手段。其中，新的模式包括：基于云制造的资源共享模式、基于云制造的协同设计仿真模式、基于云制造的设计生产一体化模式以及面向制造能力的生产策划模式四种模式；新的手段包括：批作业服务、虚拟交互服务、并发互操作服务、基于共享模型的协同服务及云排产服务五种服务，如图 4-78 所示。

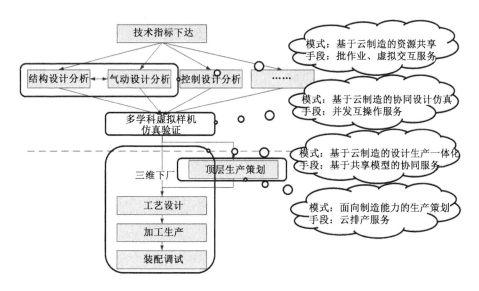

图 4-78　航天复杂产品的研制过程示意图

具体实施过程如下。

（一）基于云制造的单学科/分系统设计

在基于云制造的资源共享模式中，总体部工程师使用虚拟交互服务发布的工具软件开展气动设计的前处理和后处理工作（业务操作在前台，资源运行在后台），使用批作业服务发布的工具软件开展气动方案的高性能分析（计算分析在后台，可以在线查看），如图 4-79 所示。期间，工程师并不知道资源的具体位置，但能实际操作资源完成自己的业务。

（a）选择一个虚拟交互服务

（b）提交运行环境需求

（d）通过虚拟交互执行制造任务

（c）运行环境构建

图 4-79　基于虚拟交互服务开展气动设计的前后处理示意图

（二）基于云制造的多学科/全系统虚拟样机仿真

在基于云制造的协同设计仿真模式中，多个主体单位的工程师使用并发互操作服务，在多地分别基于控制、气动、多体动力学、燃气、发动机等学科专业的模型，协同开展系统级虚拟样机仿真（模型并发互操作运行在后台，可远程可视化查看仿真过程），如图 4-80 所示。期间，工程师也不知道资源的具体位置，但能实际操作资源完成自己的业务。

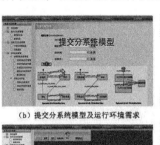

（b）提交分系统模型及运行环境需求

（c）分系统运行环境构建及执行

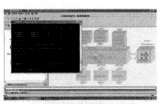

（d）远程可视化查看仿真过程

（a）并发互操作运行管理

图 4-80　多主体用户基于并发互操作服务开展系统级虚拟样机仿真

（三）基于云制造的跨厂所设计生产协同

在基于云制造的设计生产一体化模式中，总体部的工程师使用基于共享模型的协同服务将航天复杂产品的三维结构模型发布到生产厂，在业务流程的驱动下生产厂的工程师基于共享的三维模型在线开展工艺设计和工艺仿真，再由业务流程将生产任务（三维工艺文件）调度到云制造系统中的各条高端数字化生产线进行加工生产。工程师可以实时查看业务当前的执行进度，也可以自动得到关于业务流转的通知，如图 4-81 所示。

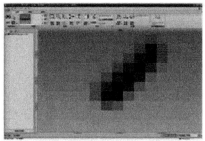

（a）启动基于共享模型的协同（模糊处理）

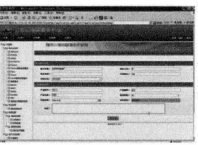

（b）生产任务在线提交

（d）执行进度在线查看

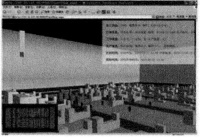

（c）三维车间任务查看

图 4-81　多主体用户基于共享模型的协同服务开展一体化设计生产

（四）基于云制造的生产计划排程与调度

在面向制造能力的生产策划模式中，机关生产部的管理人员使用云排产服务统筹考虑多地多专业的生产能力（含合格供应商的生产能力），开展航天集团企业年度顶层生产策划，对集团内外生产能力进行总体规划，并统筹协调各生产单位协作完成制造任务。管理人员可以查看各个生产能力的动态负荷及最终生成的年度生产计划，如图 4-82 所示。

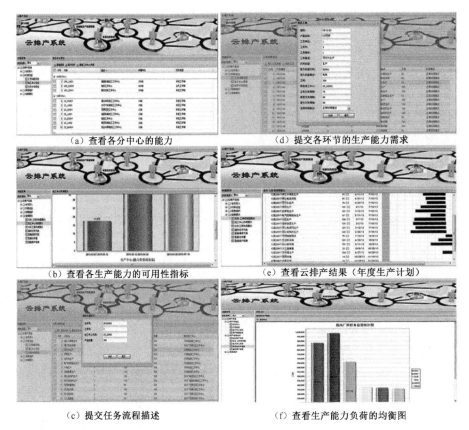

（a）查看各分中心的能力　　　　　　　（d）提交各环节的生产能力需求

（b）查看各生产能力的可用性指标　　　（e）查看云排产结果（年度生产计划）

（c）提交任务流程描述　　　　　　　　（f）查看生产能力负荷的均衡图

图 4-82　基于云排产服务开展航天集团企业顶层生产策划示意图

（五）推进其他平台建设

　　航天云网着力建设三大平台体系，除前述的航天专有云制造平台外，还包括航天云网门户平台和智慧企业运行平台，构筑了航天云网"互联网+"新经济业态平台体系，提供航天云网统一门户服务，为用户搭建工业互联网应用服务平台，并为大客户提供定制化门户，包括企业级专有云、区域工业云、行业网、政府服务平台、园区云等平台系统解决方案，保障各类用户工业互联网平台定制化应用，为各类用户实现高效稳定的互联互通。

1. 航天云网门户平台

作为公用云平台，打通航天科工与社会市场资源，建设实体企业双向服务的枢纽和桥梁，促使社会用户分享航天科工优势资源，如图 4-83 所示。

图 4-83　航天云网门户平台

2. 智慧企业运行平台

作为面向社会各类大中小制造企业转型升级战略需求的公有云平台，开发并成功运营的国内首个以生产性服务为主体的"互联网+智能制造"的大型智慧云制造服务平台/系统，也称"航天（公有）云网"。它服务于国内全社会各类制造企业和产品用户的全要素资源共享，以及制造全过程活动能力的深度协同，增强企业对经营环境与市场需求变化的自适应能力，高效、优质地满足各类用户个性化、多样化、定制化需求，如图 4-84 所示。

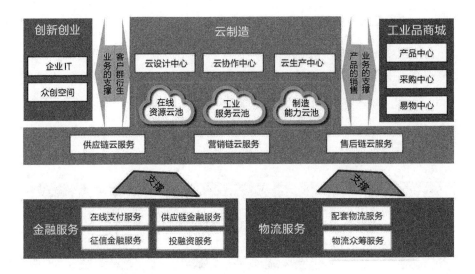

图 4-84　航天（公有）云网系统总体架构

五、主要成效

　　航天科工专有云制造平台是首个央企集团级云制造平台，推动了全要素资源共享、制造过程深度协同，实现了"企业有组织，资源无边界"，以及集团制造资源的软整合与竞争性配置，其协作配套业务可支持机加、电装、例行试验、计量检测等任务与能力，在线开展需求发布、应答、竞价、成交评价的全业务流程。

　　航天科工专有云制造平台上线应用以来，集团内各企业设计师、工艺师等能通过网络按需动态获得制造资源及能力。在云制造研发模式下，由研发总承企业、设计师联盟、生产企业（包括 3D 打印企业）、原材料/零部件供应商及物流企业等快速组成"虚拟企业"，由数百个（不限制人数）经过认证的设计师共享平台提供的资源，异地在线开展并行设计、自由沟通，改变了传统独立、串行研发模式，大大缩短了设计周期。在云制造研发模式下，提高接入资源的使用效率 5%，避免了重复购置和资源浪费，节省了企业成本（以目前管理的近 300 套专业设计分析软件为例，按每套软件 100 万元，约节省 300 套×100 万元/套×5% = 1500 万元），例如，数控机床、大型工程软件等硬件和软件资源从"购买"变为"按需在线租用"，如 3D 打印设备的租用及材料费就有数万元。

显而易见，智慧云制造在航天集团型企业应用效果明显，在各省、市、企业之间，云制造平台也有广泛的推广价值。目前，已有贵州及佛山、襄阳、武汉、宁波等省市签署云制造落地实施及产业化的战略合作协议，部分城市已启动相关配套政策的支持，期望能初步完成云制造平台的建设并引导企业上线应用。此外，广州、南京、福州等诸多城市均对云制造项目广泛认可并进入应用落地实施阶段。

由天智公司研发的国内首个基于互联网的智慧云制造公共服务平台，即航天云网（服务于全社会各类企业协同、全要素资源共享的过程）建设也取得积极进展，1.0 版本已经上线。航天云网是首个由中央企业提供的，以云制造为核心，以生产性服务为主体的"互联网+智能制造"的大型综合性服务平台。航天云网上线运行 100 多天来，注册企业 43000 多家，分布在全国所有省市，主要行业分布为：机械制造业 12000 余家，电气及器材制造业 6000 余家，通信行业 4000 余家，金属制造业 3000 余家，纺织业 3000 余家。

此外，随着云制造的深入开展，正催生一批面向制造企业提供云服务的第三方专业服务商，以及开发实施云服务技术与系统的软硬件企业。未来围绕云制造咨询、研发、实施、培训、运营、电子商务等业务，以及向其他复杂产品制造业拓展应用，可培育一个千亿级的云制造产业，由此，云制造产业已开始快速起步。

六、经验与启示

1．构建系统解决方案，促进工业互联网健康发展

加强工业互联网产业体系研究，探索建设一系列云制造平台产品和服务体系，形成以门户服务、云制造、创新创业、工业品商城等四类平台业务板块为线上支撑，以大数据、信息安全、数据中心运营服务等三项关键技术为运行保障，以智能化改造、工业软件等二项智能制造系统工程能力为线下基础，以金融、物流、征信、培训、法律、咨询等一系列生态系统配套服务为系统支持的"互联网+智能制造"系统解决方案，支撑我国工业互联网功能规划建设和关键技术研发创新，积累实践经验，开拓创新商业模式，支撑我国工业互联网产业持续发展。

2. 推进示范工程建设，创新智慧制造新模式

重点推进以云制造为核心的智能制造示范工程建设，探索构建航天云网加快构建智慧制造新模式，在航天科工集团内部开展先行先试，实现了智慧云制造技术成果产业化。依托航天云网平台的云协作、云设计、云生产、云资源等中心，提供全产业链环节业务的云端信息化业务平台及应用服务，在线获取平台各方共享的软件、知识产权、标准规范、专家等云资源，开展在线 3D 打印、工程仿真分析、软件评测、计量检测等工业云服务，促进企业制造需求与服务的供需对接，利用云 PDM、云 CAD、云 CAE 等专业设计分析软件支撑云端协同创新，推进云 ERP、云 MES、云 CRP 及云排产等软件应用，实现跨企业生产资源调配、企业能力与需求快速对接、云端远程实时创新协同、生产运营云端管理、产业资源共享互助，对于探索我国制造业智能化改造实施路径具有积极意义。

3. 推进资源能力共享协同，共建航天云网生态系统

积极参与建设工业互联网产业联盟，发挥航天云网平台支撑主体作用，开放共享平台各方资源和能力，共建支撑工业互联网发展的航天云网生态系统。以航天云网公司作为生态系统核心层，在核心关键技术领域强化专业能力。发挥产业联盟资源软整合作用，针对航天云网不具备或缺乏基础的专业能力，联合航天科工内部及社会产业资源，形成生态系统紧密层，共同推进工业互联网建设。广泛联合工业互联网平台支撑单位，建立协作关系，促进航天科工与社会产业资源和能力的共享协同，构建形成航天云网生态系统，有利于生态系统各相关方互利共赢，整合形成航天云网生态系统统一的产业服务能力，满足我国制造业转型升级需求。

第八节　山东云科技案例分析

一、企业概况

山东云科技应用有限公司，2014 年 7 月成立于山东省济南市。公司联合工业软件领域的知名厂商，重点面向装备制造业，综合利用云计算、物联网、大数据、移动互联及 SOA 等先进信息技术，打造工业云创新服务平台，构建一个基础平台和六个业务云（设计云、管理云、商务云、物联服务

云、知识云及数据云）。公司整合了丰富的 IT、设计、培训及行业服务资源，研发了资源管理及调度系统、SaaS 服务系统、门户系统、3D 打印、产品库等行业应用系统，业务涵盖 CAD、CAE、3D 打印、ERP 管理、网络销售、网络学习、物联服务、融资管理、供应链管理、自助建站、人才培训等多个方面，支持基于产业链深度挖掘分析，全方位满足工业企业对软件服务、物联网、高性能计算、电子商务、电子政务、数据挖掘、大数据研究与开发等多个领域的应用需求，带动企业提质增效，从而推动山东省两化融合的快速发展、产业集群的行业协同。

工信部于 2013 年组织开展"工业云"创新服务试点工作。综合考虑山东在工业方面的优势、信息领域的良好基础，在山东省经信委组织下，山东省计算中心联合华天、浪潮等单位申报"工业云"创新服务试点，成功获批，成为当时全国 17 个试点之一。2015 年，山东云科技应用有限公司的"工业云创新服务平台"成为工业和信息化部智能制造试点示范项目。

二、项目背景与建设目标

（一）项目背景

山东是工业大省，工业基础完善，门类齐全，工业增加值连续多年居全国首位。但另一方面，山东并非工业强省，在广大工业企业中，存在利润微薄、资源消耗大、转型升级迟缓、信息化水平不足等问题，广大中小企业与大型龙头企业之间存在较大的差距，导致整个产业链乃至产业集群的协同制造水平难以提高，也极大阻碍了先进制造模式的创新。近年来，以云计算技术为代表的先进信息技术（如大数据、物联网、移动互联等）正快速渗透到社会各行业各领域的信息化应用中，在工业制造领域的应用更是日新月异，如车联网、工业机器人等。因其在资源聚合、按需服务、降低信息化成本等方面具有技术优势，因此，云计算技术也被认为是推动两化深度融合、促进工业转型升级的"推进剂"，使实现"绿色制造"、"智能制造"等先进制造模式成为可能。

顺应这一趋势，工信部启动了 17 个"工业云创新行动试点"，其中以山东工业云创新服务平台（界面见图 4-85）的整体规划最为全面。山东工业云立足于为企业提供优质的云基础架构、云软件产品、云应用服务，致力引导各界基于云计算技术和服务模式，探索两化融合的新模式，具体内容

包括建设、完善工业云服务平台的服务内容、开展工业云服务的应用推广系列活动、构建工业云体验中心等创新行动，从而提高龙头企业的外部协作水平和中小企业的信息化水平，助力企业加快转型升级提质增效。

图 4-85　山东工业云平台界面

（二）建设目标

围绕山东特色优势产业，针对工业企业核心需求，在国家超算济南中心、山东省云计算中心等丰富资源支撑下，综合利用云计算、物联网、大数据及 SOA 等先进信息技术，打造工业云创新服务平台，为工业企业提供产品研发、生产、销售及售后全面支持，为产业集群提供产业链协同支持，为工业数据的采集、存储与深度挖掘分析奠定基础，促进传统制造向服务型制造转型和两化深度融合，主要目标如下。

1. 打造区域资源聚集与共享平台

聚合区域内软硬件设备、专业技能、行业规范、国家标准等专业资源，完成行业资源数字转换，实现制造资源的共享与交易，促进制造资源的优化配置。

2．打造一站式综合服务平台

为工业企业提供资源、软件、知识、数据及协同等成套服务，为研发、生产、销售及售后等企业业务提供全面支持，推动企业从云端获取生产工具和生产资料，降低企业信息化成本与门槛，提升企业竞争力。

3．打造产业协同平台

搭建技术和服务互动平台，实现企业间协同设计、协同生产、协同商务及产业链协同等各类协同，推动整个产业的业务联动和整体升级转型，提升产业整体竞争力。

4．打造区域协作服务平台

设计开放式的合作模式和运营机制，建立政府、工业企业、ICT 企业、服务机构协同协作的工作模式，吸收区域内相关政府支撑单位、拥有专业资源的研究院所及高等院校、第三方平台和 IT 服务商等组织，共同为区域工业企业提供全方位服务，充分发挥合力。

5．实现技术与业务两层面统一

在技术层面，打造统一的 IT 支撑平台，对计算、存储、网络等信息资源进行统一管理和调度；在业务层面，打造统一业务平台，实现产业数据共享、应用共享与业务联动。

三、建设思路与解决方案

（一）建设思路

在政府的统一规划和监督下，建设工业云平台，整合多家 ICT 单位资源、技术与应用，聚合政府的政务服务、第三方服务机构的金融服务，为工业企业提供产品研发、产品生产、产品销售、产品售后及融资等全方位服务，从而系统性地解决上述问题，如图 4-86 所示。

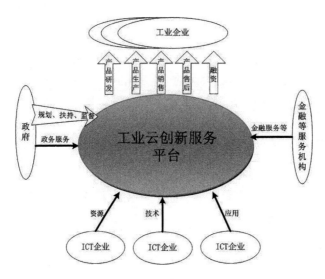

图 4-86 工业云平台建设思路

（二）解决方案

解决方案可以概括为"162"，即构建一个基础平台，六个业务平台（设计云、管理云、商务云、物联服务云、知识云和数据云），两个保障体系（安全体系、标准体系），如图 4-87 所示。从图上可清晰看出设计云、管理云、商务云、物联服务云分布服务于工业产品的研发、生产、销售和售后服务。

工业云通过云计算、SOA 等技术手段实现计算、存储、网络、软件等信息资源进行集中管理、调度、监控和使用，为上层应用提供统一基础设施支撑；集成设计（CAD、CAE、PDM、CAPP 等）、生产（ERP、HRM等）、商务（网店、销售、物流、售后等）、培训咨询（在线培训、专家咨询等）、办公（OA、邮箱等）等软件系统，形成面向行业的统一协同制造平台，覆盖从设计研发、工艺流程、生产制造、销售售后的各个环节，不仅解决了企业全局管理与数据共享问题，实现了企业设计数据、工艺数据、制造数据、销售数据、财务数据等的统一管理，支持企业跨部门的数据处理和业务协作，还解决了行业内不同企业之间的业务联动与数据共享问题，实现了多个企业协同设计、协同生产和协同创新；通过一站式综合门户，面向制造企业、软件提供者、服务提供者及政府等用户提供服务，支持丰富的终端访问。

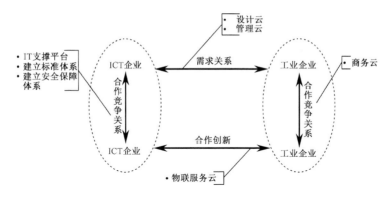

图 4-87　解决方案

四、实施内容与路径

（一）总体架构

工业云由基础平台、业务平台、运营门户三部分及安全、标准两大服务体系组成，如图 4-88 所示。

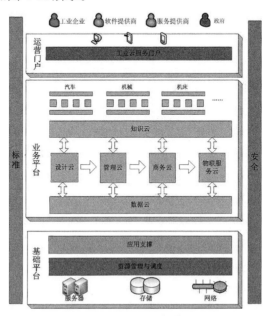

图 4-88　工业云架构图

1. 基础平台

通过云计算、SOA 等技术手段实现计算、存储、网络、软件等信息资源的集中管理、调度、监控和使用，为上层应用提供统一基础设施支撑和负载均衡、高可用、互操作、认证授权、计量、开放测试等应用支撑。将整合上百台服务器、PB 级存储、GB 级网络等信息资源。建立统一运营门户，将工业云平台服务集中开放给各类用户，支持互联网、移动互联网多种访问渠道，支持 PC、手机、平板等丰富的访问终端。

2. 业务平台

（1）设计云

设计云服务于工业产品设计研发，提高产品技术含量。设计云主要面向不同类型工业企业提供计算机辅助设计软件和设计管理软件，并将产品全生命周期的管理思想融入设计领域的一站式管理服务平台。以软件技术为基础，以产品为核心，提供计算机辅助设计（CAD）、计算机辅助分析（CAE）、计算机辅助制造（CAM）、计算机辅助工艺计划（CAPP）、产品数据管理（PLM/PDM）、协同计划管理等软件的应用服务，实现对产品的模型设计、数据分析、工艺设计、数字加工一体化设计过程管理，同时利用云计算平台的超算分析能力提供在线仿真分析。通过协同设计，将企业外部设计人才引入到产品设计之中，使企业更好利用外部智力，解决自身设计人员少、能力不足等问题。设计云的结构和功能如图 4-89 所示。

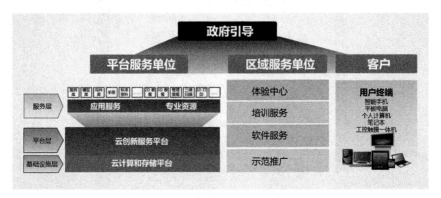

图 4-89　设计云功能与结构

（2）管理云

管理云服务于产品生产制造，为制造型企业升级提供支撑。围绕提高生产全过程资源利用率和生产效率，打造企业内部生产管理与外部行业服务相结合的一站式生产制造服务平台，为工业企业提供 ERP、CRM 等一系列人财物管理服务及 OA、邮箱、传真等协同办公服务，支持生产计划、物资管理、设备管理、人力资源管理、财务管理、办公协同等功能。在提供生产过程管理这一核心服务的基础上，融合了人、财、物等基础管理服务，帮助企业实现生产过程精细化管控，提高生产效率。借助云模式，实现服务在多个企业的共享，节省使用成本。同时，将企业外部的设备共享与交易、远程检测与专家诊断、融资等行业服务与企业内部系统有机对接，构建内外结合的生产管理全服务体系，如图 4-90 所示，主要功能如下。

① 工业企业提供一整套动态设备资产管理解决方案，覆盖设备采购、库存、维修、保养、报废、更新等全生命周期。

② 通过设备要素交易市场，盘活企业闲置设备，实现设备资源的优化配置。

③ 动态监测生产设备的震动及润滑油信息，引入相关专业服务机构，对设备运行状态进行分析诊断，支持故障预警和及时保养。

④ 对设备操作及维保人才进行培训和资格认证。

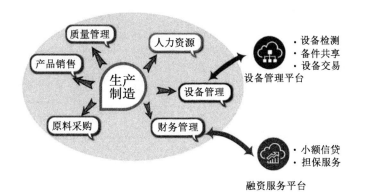

图 4-90　管理云服务体系

（3）商务云

在架构设计上，商务云主要定位于企业电子商务和供应链信息化提

升，服务于企业采购和销售业务，为工业企业拓展网上销售渠道，实现企业前后一体的产业链运营模式。主要包括电子商务和电子支付两部分，如图 4-91 所示，电子商务部分为工业企业打造供应链服务，实现龙头企业与其配套供应商之间的采购协同、物流协同、财务协同、仓储协同，发挥龙头企业对产业的带动作用。电子支付作为电子商务的必要配套，为产品交易、二手设备交易等业务提供支付服务，实现单一接入和安全认证，支持资金不同来源、不同渠道。商务云建设重点是实现供销精准对接，汇聚龙头企业采购需求信息与配套企业在电商平台的销售信息，并借助大数据分析对两者进行智能、精准和及时匹配。一方面提高龙头企业与配套企业的商务协同水平，另一方面，扩展龙头企业的采购渠道，并使配套企业无需再疲于应付多个采购系统。

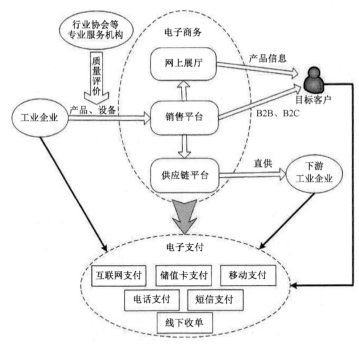

图 4-91　商务云架构设计示意图

在具体实现上，如图 4-92 所示，商务云打造以"企业（产品）展示电子商务供应链配套"为主线的产品网上展销服务平台，服务于产品销售，为产业链、产业集群协同商务提供支撑，对山东名优工业产品进行集中宣传、网上营销。它融合了"好品山东网络营销管理服务平台"，重点打造以"产品展示电子商务供应链配套"为主线的企业产品网络展销服务。

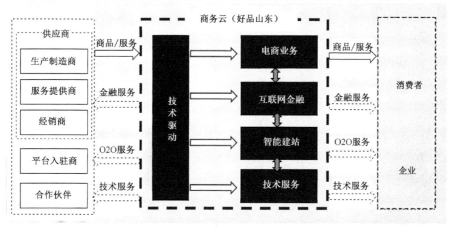

图 4-92 商务云具体实现示意图

（4）物联服务云

物联服务云服务于产品售后，为产品提供增值服务，促进向服务型制造转型。在国家超算济南中心、山东省云计算中心等单位丰富信息资源及海量数据存储与处理能力的支撑下，为产业集群的工业企业提供产品位置及运行状态等海量动态信息的统一存储、处理和展示，进而支持产品定位、产品跟踪、故障预警、远程监测等一系列维保服务。物联服务云可提高传统产品的附加值，提高企业差异化竞争实力，为装备制造业向服务型制造战略转型提供强大支撑，如图 4-93 所示。

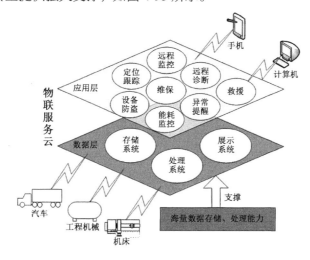

图 4-93 物联服务云业务架构

（5）知识云

知识云服务于人才培养，为工业企业内外部知识传递提供支持。知识云是为平台、企业用户、服务提供商（包括领域专家、科研人员、培训机构等）、软件商之间共享资源、传播知识而搭建的桥梁，充分整合来自高职院校、培训机构、企业内部的学历教育和专业技能等培训资源，打造统一的在线学习平台和线上线下相结合的工人技能培训体系，实现线上学理论，线下动手实践，见图 4-94。综合利用视频会议、视频点播、即时通信、微信、微博等多种互动方式，使工人随时随地进行学习，借助仿真实训，激发学习兴趣，有效提高学习效率。

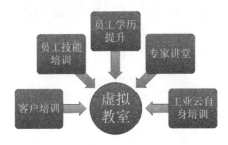

图 4-94　知识云服务示意图

（6）数据云

数据云充分利用工业云平台海量数据存储与处理的优势和运营期间产生的数据优势，实现工业云平台的数据融合、挖掘分析、可视化展示，全面提高行业数据的及时性、全局性和综合性，对行业主管部门、平台服务机构的决策提供支持，同时进一步利用工业云平台数据分析结果来指导企业对业务系统进行优化提升。为了与外界数据共享与交换，数据云提供数据开放服务，一方面将外部数据引入工业云平台，另一方面对外开放工业云平台数据。此外，数据云提供数据备份服务，为工业企业自有系统提供数据和系统备份，以满足灾备需求。图 4-95 是数据云的业务架构示意图。

需要指出的是，工业云提供的五朵云服务不是孤立的，他们将实现数据共享和业务联动，以便对工业企业的研发、生产、销售、售后等提供全方位支撑。

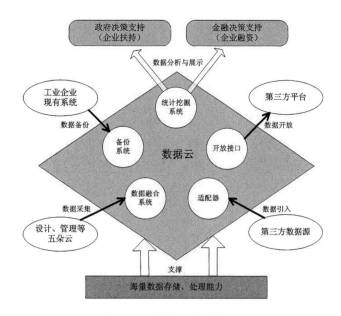

图 4-95 数据云业务架构

（二）安全与保障体系

从技术、管理、外部保障三个角度，从网络、数据、应用三个层面建立一套支撑工业云平台建设、运行和日常管理所需的全方位的安全规范体系，使工业云平台做到可防、可控、可查，如图 4-96 所示。

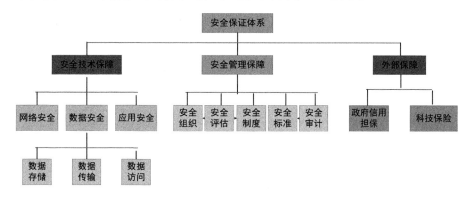

图 4-96 安全保障体系结构

（三）标准体系

工业云平台是一项体系架构复杂、涉及面广、建设周期长、需要多

方合作共建的大型系统工程，且工业云平台建成后要走市场化运营的道路，因此，从组织建设到运维管理，再到市场化运营，都离不开主管部门、参建单位、合作企业以及运营机构的组织和协作，建立配套、完善的标准规范体系则是平台建设开发和运行管理规范化、制度化的保障，如图 4-97 所示。

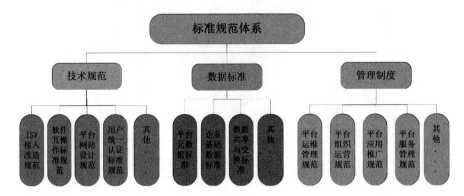

图 4-97　标准规范体系架构

标准规范体系涵盖工业云平台的建设、推广和运营过程，主要分为技术规范、数据标准和管理制度三类。

其中，技术规范主要用于规范平台自身的研发过程和平台各类服务的接入及互操作过程，主要包括第三方软件接入改造规范、软件互操作规范、平台网站设计规范、用户统一认证规范等。

数据标准主要用于维护工业云平台在数据层面的统一性，从而便于各类服务之间的信息共享与交换，主要包括平台元数据标准、企业基础数据标准、数据共享与交换标准等。

管理制度主要用于规范平台自身的运营推广和对外服务过程，主要包括平台运维管理规范、平台组织运营规范、平台应用推广规范、平台服务管理规范等。

（四）商业运营模式

在平台建设的同时，以"市场化运营，可持续发展，服务工业企业"为目标，广泛开展了市场推广活动，初步建立、健全了平台市场运营体系。

1．成立独立运营实体，进行专业化推广

山东云科技应用有限公司，全面负责工业云平台的运维、营销和推广。运营实体的建立，使得工业云平台的运营更加符合市场发展规律，对于快速找准市场定位和提高服务水平起到了推动作用，同时确保了平台具有科学合理的发展方向、可持续发展的条件。

2．建设多地体验中心，布局工业云服务网络

2014 年 5 月在全省范围内启动了工业云体验中心征集工作。体验中心对平台内容进行展示体验和提供本地化服务。按照"省级统一指导，各地自行建设，定期组织考评"的原则进行建设，体验内容在满足全省统一规划的同时，充分融合各地本地产业特色。目前已有 70 余家单位申报了体验中心。已形成以体验中心作为支点、覆盖全省的工业云服务网络，大大加速了工业云平台的推广进程，图 4-98 是体验中心的样例。

图 4-98　体验中心样例

3．创新平台运营模式，营造合作竞争环境

采用"超市"模式，为服务提供者和工业企业搭建一个灵活买卖的服务交易场所，并在同类服务的不同供应商之间引入竞争机制，把平台服务的选择权切实交给企业用户和市场。通过竞争模式，一方面将淘汰部分用户关注度不高、缺乏市场的服务，另一方面将促进服务供应商提高自身服务质量，从而营造良好的市场环境。

4．建立联合推广机制，多方式多渠道推广

建立线上与线下结合、行业与区域结合、综合与专题结合的联合推广机制。平台各参与方从不同角度，采取了多种方式，对平台服务进行推广工作。

（五）应用案例

经过努力，工业云平台已在万余家企业得到应用，助力企业的产品研发、生产管理、产品销售与售后。

（1）设计方面

设计服务目前已应用于潍柴、五征、福田、远景能源、福田模具、豪迈模具、戈尔、嘉众义齿等 30 余家企业，以及山东大学、山东建筑大学、中国海洋大学等多所高校。

（2）管理方面

目前已整合 20 余种管理软件、生产设备综合服务平台及融资平台，服务企业 300 余家。

（3）产品营销方面

目前已服务福田雷沃、中国重汽、济南轻骑、景芝酒业、东阿阿胶、山推集团等 1.2 万家企业，年交易额超过 300 亿。

（4）培训方面

与山东商职学院、山东职业学院等知名高职院校，星科智能、山东栋梁、山东机械协会等山东本地培训单位，达成合作意向，针对山东工业特色，设计农机、冶金、自动化等领域专业课件，丰富平台课程体系与课件，目前已联合推广 100 家企业。

（5）物联服务方面

基于丰富的存储与计算资源，搭建了大数据平台，可对外提供有效的大数据存储及处理服务，支持用户规模 1 万以上。与北车集团达成合作意向，对其上千辆动车进行监控，已完成测试，该案例具有很强的可复制性，可推广到车联网、设备监控、能耗检测等领域。

五、主要成效

（一）项目成果

经过一年多的建设，工业云平台已初步建成，具有资源丰富、技术先进、服务全面、开放、安全等特点。

1. 资源方面

充分发挥现有资源优势，多方整合 IT、设计、培训及行业服务资源。如复用了国家超级计算济南中心、山东省云计算平台的计算、存储、网络及软件资源，可以支撑 10 万个用户同时在线；整合了华天 CAD、国家超级计算济南中心 CAE 及济南、潍坊、济宁等多地的 3D 打印资源；整合了好品山东网络营销、中欧互联培训资源等。

2. 技术方面

综合利用云计算、大数据、协同制造等领域的多项先进技术成果，研发了资源管理及调度系统、SaaS 服务系统、门户系统等关键系统，搭建了统一的基础平台，实现了资源集中管理与弹性调度、SaaS 服务集成与交互，为工业云平台及应用提供稳定、安全、可扩展的运行支撑。

3. 服务方面

研发了 3D 打印、产品库等行业应用系统，接入了 CAE、SRM、GSK、设备管理、融资信贷、学习云等 10 余款工业应用，打造了 4 类典型应用，分别服务于产品研发设计、企业管理、产品营销、技能培训等企业业务。

4. 开放性方面

从数据集成、应用集成和用户集成三个层面建立起开放的标准规范体系，规划制定了一整套软件集成接入规范，形成两种主流编程语言的服务接入示例代码，编制完成了操作性强的服务接入指南，并成功接入 10 余项软件产品。

5．安全性方面

建立外围环境、网络、主机、虚拟化、应用及数据的纵深防御体系，全面保障平台自身安全，同时，还积极创新引入政府信用担保和科技保险等外部保障机制，已打造出一整套支撑工业云平台建设运行和日常管理所需的全方位的安全保障体系，为平台运营推广创造了良好条件。

（二）主要经济与社会效益

1．经济效益

工业云平台提供设计、管理、供应链等软件应用，硬件、大数据存储、超算服务以及日常的运维管理，企业可通过云平台获得所需的各种服务和资源，而只需缴纳少量的费用，就可节约自家企业在软件购买、配套的机房、硬件、网络建设、日常运维管理方面的庞大支出，节约企业成本，以年销售收入1000万元的中小型装备制造业企业为例，每年信息化建设投入占营业收入的2%计算（通过租用获得同等信息化水平的费用仅占投入的25%），每年节省信息化开支75%，节省费用15万元。按服务1000家此类企业，每年可节支1.5亿元。

山东省在装备制造领域有汽车及零部件、工程装备、行业专用设备、电工电气、机械加工等多个重点产业，2012年装备制造业创造的主营收入约3万亿元，按工业云平台覆盖10%企业，信息化推动企业创新和产业链升级带来的工业增收按1%计算，未来通过云平台的推广应用，带动的增收可达30亿元。

工业企业的机房由于规模小、管理水平低，通常能耗较高，能量利用效率（PUE）多在2~3之间，部分甚至超过3。而借助工业云平台，通过综合采用多种节能技术，可显著降低PUE，能量利用效率可控制到2以内，从而可显著节省能源。根据规模效应，借助工业云平台，可显著减少工业企业的服务器数量，有利于节能。按每服务器200W，节省服务器6000台，预计每年可节能约1050万度电。

2．社会效益

工业云平台实现了信息资源集约高效利用，提高了超算、云计算中心的资源利用率。使得计算资源保持较高的利用率，节约了社会投资。

工业云平台降低信息化门槛。以规模方式，为中小制造业企业提供全方位的软硬件资源和技术服务，为其提供研发、生产、销售、售后等产品全生命周期信息化支持，降低企业在信息化方面的资金投入，提高其产品研发及销售/售后服务水平，显著增强创新能力。

工业云平台为大企业提供大数据支持服务，提高其海量数据处理能力，以支持海量数据分析和深度数据挖掘，促进其向服务型制造转型。通过供应链协同，提升其与其产业链上下游配套企业之间的业务联动水平，以灵活应对市场变化。为大企业提供海量数据存储和异地备份服务，提高了大企业信息系统容灾能力。

通过工业云平台的推广应用，实现产业集群资源优化配置，充分发挥产业集群龙头企业的拉动作用，提高产业集群整体信息化水平，实现产业链升级，全面提升产业集群的竞争力。工业云平台还可加速信息技术在山东省各产业领域的渗透和深度融合，推动工业产业创新，促进传统制造业向服务型改造升级转型。此外，可使山东省 IT 产品的总能耗大为降低，牵引绿色经济的发展。

六、经验与启示

1. 整合多方资源，打造统一"资源池"

整合国家超级计算济南中心、山东省云计算平台、山东省数据灾备服务平台的计算、存储、网络及软件资源，打造拥有近千台服务器、3PB 存储、300兆网络出口和80余款系统的统一"资源池"，实现资源的集中管理与使用。

2. 利用先进技术，搭建统一支撑平台

综合利用云计算、大数据、物联网、协同制造等领域的 10 余项先进技术成果，搭建了统一的基础平台，实现弹性资源调度、海量数据存储与处理、SaaS 服务集成与交互等核心功能，为工业云平台及应用提供稳定、安全、可扩展的运行支撑。

3．制定集成规范，开放整合外部应用

为开放整合外部软件系统，平台从数据集成、应用集成和用户集成三个层面规划制定了一整套软件集成规范，形成两种主流编程语言的服务接入示例代码，编制完成了操作性强的服务接入指南。截止目前，依据此集成规范，平台已成功接入 100 余项软件产品。

4．创新保障机制，全面保障平台安全

在全面保障平台自身安全的同时，积极创新引入外部保障机制，尝试推行政府信用担保和科技保险，探索打造一整套支撑工业云平台建设运行和日常管理所需的全方位的安全保障体系，建立平台服务商和工业企业互信机制，消除工业企业使用平台服务的安全顾虑，为平台运营推广创造良好条件。

第五章

重点供应商与产品

　　在推进智能制造的过程中，企业需要专业化的能够有效融合 IT、工业化、专业技术、管理等各领域的专业服务，因而加快培育智能制造系统供应商是关系到智能制造能否实现的关键支撑。解决方案是由制造企业或第三方机构，围绕制造业数字化、网络化、智能化转型升级需求，提供集战略咨询、架构设计、实施方案、关键装备、核心软件、数据集成、流程优化、运营评估于一体的综合服务。其本质是工业技术、组织流程、管理模式等行业经验和知识的显性化、结构化、模型化、系统化和再复用，是新技术、新理念、新模式在企业落地扩散的有效途径，是企业构筑核心竞争优势和新型能力的重要载体，是提升行业两化融合整体水平的重要驱动力，表现形式包括技术解决方案、管理解决方案或平台解决方案，尤其是工业云平台解决方案，是构建智能制造产业生态的关键，对于我国广大面临智能制造升级的企业来说，提供智能制造特定领域的优秀国产解决方案有着重要意义。

第一节　解决方案

一、中国电信协同制造工业云平台解决方案

1. 核心需求

　　协同制造提供的服务覆盖了制造企业产品全生命周期，包括营销、设计、制造、采购、服务、管理等环节的互联网应用。

协同制造对于企业的价值包括：降低企业信息化成本，提供企业多种创新协同工具和手段，提升企业创新能力，促进从仿造、仿创到自主创新；提升工业企业的竞争能力，为中小型制造企业提供软件、解决方案和服务，提高沟通协同效率、共享社区资源，提升企业竞争能力。

协同制造对产业的价值包括：促进工业软件产业形成，针对产业聚集区域，发展满足行业需要的软件和服务，逐步形成促进工业转型升级的工业软件和服务产业；推进两化融合催生新型工业，形成新型的工业形态，实现工业的转型和升级，是两化深度融合的有力抓手，是新型工业的必由之路。

2．方案组成

协同制造针对中小企业内部的智能制造和制造业后服务的解决方案与大企业相同，主要包括三部分，如图 5-1 所示。

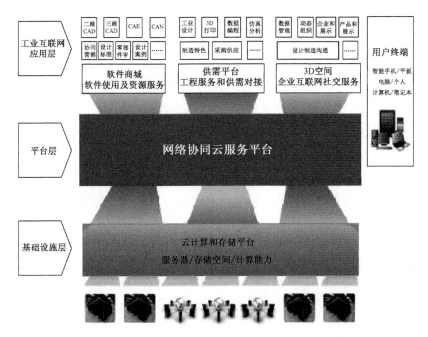

图 5-1　解决方案组成

（1）软件商城。提供二维 CAD、三维 CAD、CAE、CAM、协同营销 CRM 等软件租用服务，以及设计标准、零部件库、设计案例、培训教程等资源服务。

（2）供需平台。通过供需平台提供科技咨询、工业设计、3D 打印、数控编程、模具设计制造等工程服务和供需对接。

（3）3D 空间。通过 3D 空间提供数据管理、动态组织、企业与产品 3D 展示、设计制造沟通等企业互联网社交服务。

3. 建设内容

电信协同制造工业云平台建设，内容如下：

（1）基础电信服务：云主机、云存储、云桌面、云管理平台等。

（2）提供 ICT 服务：机架分布、布线、制冷系统、消防等。

（3）基础通信服务：宽带、云计算、手机等。

（4）通用软件服务：OA、外勤助手、会易通、天翼对讲等服务。

（5）工业软件服务：3D 空间、2D/3D 设计等。

4. 主要功能

（1）软件商城

① 二维设计（二维 CAD）：是工程师进行产品和工程设计的基本工具，兼容各种流行 CAD 的数据格式，能大幅提高绘图和设计的效率。

② 三维设计（三维 CAD）：可以直观地进行三维产品可视化设计，建立三维数字化样机，通过仿真模拟，减少设计错误，优化产品结构，降低产品成本；能够处理实体、曲面、线框等多种模型数据，实现机构仿真、装配干涉检查、物性计算、高级渲染、动画模拟等功能。

③ 专业应用构件：提供十多种基于二维 CAD、三维 CAD 软件平台的专业构件，如压力容器设计、常用典型机械计算和典型结构绘图等专业应用构件。

④ 工程分析 CAE：提供典型零部件的自动有限元分析计算，并自动输出计算分析报告；提供用户远程访问大型工程分析计算软件，以及用户自主分析计算的环境；针对用户的专业工程问题，按项目提供专家进行有限元工程分析计算服务。

⑤ 协同营销 CRM：利用协同营销服务，企业可以利用 PC、平板电脑、智能手机构筑自己移动工作管理和营销管理协同平台，提高内部沟通

效率，快速响应市场需求；在组织内部进行工作记录和信息共享、客户沟通记录和项目跟踪，并自动沉淀积累知识和经验。

⑥ 零部件库：提供国家标准 GB、机械行业标准 JB、常用零部件的 2000 多种二维、三维 CAD 零部件图库，大幅提高企业设计效率。

另外，还有产品模型、产品目录、设计标准与手册、课程培训等功能。

（2）供需平台

① 工业设计：包括机械设计、外形设计、结构设计、三维建模、动画模拟、机构仿真、工程绘图、渲染效果处理、可视化维修维护手册编制等多种服务。

② 3D 打印：满足工业产品开模打样或设计评审、市场沟通、个性化定制等需要，缩短企业产品设计周期、降低设计成本；提供多种规格的熔融挤压快速成型设备和 3D 打印设备，以及多种成型材料和完整的快速成型和 3D 打印的工艺流程。

③ 三维扫描：广泛应用于工业检测、工业设计、快速成型、医学仿生等众多领域；针对客户的需求，提供不同行业系列产品三维扫描仪。

④ 数控编程：提供 2-4 轴线切割编程服务，2-4 轴数控车编程服务，3-5 轴加工中心数控编程服务；数控工艺规划，数控切削仿真模拟，特定机床的数控后置处理等服务。

⑤ 制造资源协调：整合区域内各种制造资源，如高档数控机床等，为区域中小微企业提供 3-5 轴数控加工、传统机械加工的设备和加工能力的资源服务。

⑥ 数控设备联网和运维监控：大量使用数控机床的生产型企业，通过将设备联网，将现场生产加工的数据实时采集，并通过协同制造云平台实现对生产车间现场远程运维监控和数据分析，改善和提高设备效率。

⑦ 定制采购：提供集多种采购信息发布、个性化定制采购、专场采购会、采购资源管理、供应商管理等功能为一体的全价值链网上采购解决方案服务。

（3）3D 空间

① 企业展示：360 度企业展厅，随身携带，360 度全方位展示。

② 展示企业能力：企业介绍、资质证书、产品资料等集中管理。

③ 共享和协同：强大的组织管理、账户权限和日志记录，安全共享和

协同工作。

④ 产品呈现：产品分类和 3D 模型展示，旋转、缩放、外观、剖切内部结构、交互动画等，由外向内、全方位呈现产品。

⑤ 可视化产品配置：方便灵活地更换产品颜色、材质，并组合装备。

⑥ 定制营销：企业可利用微站、3D 全景、3D 模型、3D 动画等服务，快速及时地进行企业的实力和形象展示，以及产品的可视化表现与体验、私人定制的设计沟通等，构筑用户积极参与的体验式互动营销模式。

⑦ 设计沟通：设计人员之间进行协同设计，设计主管批注修改意见，向客户征求设计意见。

⑧ 协同 CAD 批注：文字和 CAD 图形协同批注和消息推送，及时沟通设计意见。

⑨ 数据管理：企业可以利用协同制造云存储空间，实现资料共享和协同，以及动态组织和访问授权的管理，实现 CAD 图纸和 3D 模型的在线看图浏览；企业根据需求逐步建立自己的产品数据管理和产品生命周期管理系统和管理体系。

⑩ 存储资源：提供大规模云主机部署及弹性计算需求，支持组建虚拟私有云，提供大规模云存储测试环境，网络虚拟化支持。

二、Hiultra 山东瀚岳 R 联智造工业云平台解决方案

山东瀚岳 R 联智造是针对制造业提供的智能化解决方案，对制造企业进行全面管理和信息系统优化，帮助企业由传统制造升级为智能制造和服务制造，帮助制造业从生产制造转向为智能制造，让生产企业走向生产服务型企业。主要目的是帮助客户实现制造资源数字化、现场运行数字化、质量管理数字化、生产过程智能化及售后服务智能化，推进传统制造行业转型升级为智能制造。

1．R 联智造概述

"R 联智造"（RULink）是山东瀚岳智能科技股份有限公司提出的智能制造解决方案。它集成了新一代物联技术、装备互联及互操作技术、CPS 监控管平台、数据驱动的过程优化与决策等核心关键技术，以物联网技术为基础构建智能制造信息物理网络，通过联通实时采集装置、实时控制装

置、工业网络装备、工业过程监管装备、安全保障与防护装备等智能系统，将生产装备、生产物资、物流系统、智能仓库联接为统一的集成环境和数据环境，并向上层应用提供统一的信息接口，形成支撑智能制造的基础，如图 5-2 所示。

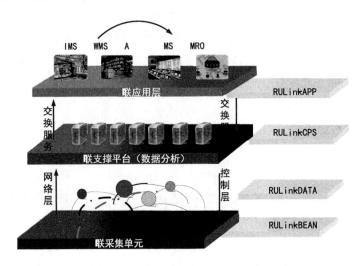

图 5-2　R 联智造解决方案示意图

2．体系架构

山东瀚岳 R 联智造包含 CPS 监控管平台、智能采集传感单元、装备测控分析管理系统、智能仓储物资管理、装备后市场客户服务平台、装备智能测控服务云等 6 大部分，如图 5-3 所示。

（1）RULink-CPS（监控管平台）

强调物体间的感知互动，强调物理世界与信息系统间的循环反馈，它将地理分布的异构嵌入式设备通过高速稳定的网络连接起来，实现信息交换、资源共享和协同控制。RULink-CPS 的最终目标是实现信息世界和物理世界的完全融合，构建一个可控、可信、可扩展并且安全高效的 CPS 网络，并最终从根本上改变制造领域构建工程化信息物理系统的方式。

（2）RULink-BEAN（智能采集单元）

面向智能制造的标准化智能采集传感单元，规范并定义了技术标准。基于标准设计制造的 RUlink-Bean 是一种接口标准、协议标准、智能、自治、自组织的智能化信息采集设备。

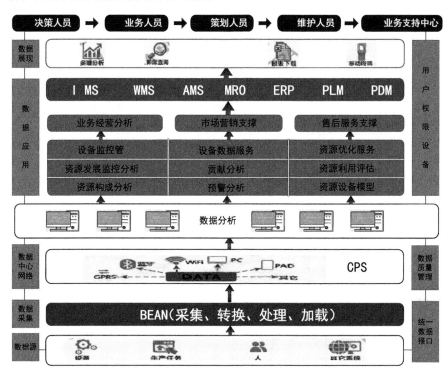

图 5-3　R 联智造体系架构

具有以下三个特性：

第一，全感应检测和全自动服务，智能设备可以实时检测环境和用户的各种类型的信息，同时，这些服务都是全自动的，独立运行，不需要用户碰触任何开关。

第二，智能硬件具有 Input 和 Output 功能，即具有数据采集功能以及联动控制执行功能。

第三，实时联网，独立运作。智能硬件设备将通过 GPRS/3G/4G 网络，定点设备将通过 WiFi 连接到网络。

（3）RULink-IMS（装备状态测控分析管理系统）

RULink-IMS 是一套用来测控实时设备状态及工作过程数据采集，并报表化和图表化车间详细制造数据和优化制造过程的软硬件解决方案。RULink-IMS 系统通过多种灵活的方法获取生产现场的实时数据（包括生产

设备、生产任务和人员等），将其存储在数据库，以国内外先进的精益制造管理理念为基础，结合系统自带的近200种专用计算、分析和统计方法，以9000多种报告和图表直观反映当前或过去某段时间的生产状况以及设备运行状况，帮助企业生产部门通过反馈信息做出科学和有效的决策。该系统不仅能够在实践中不断地充实知识库，还具有自学习功能，根据搜集与理解环境信息和自身的信息，进行分析判断和规划自身行为的能力。

（4）RULink-WMS（智能仓储管理系统）

仓储管理系统的框架如图5-4所示。

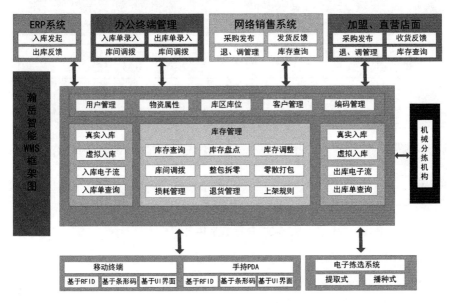

图 5-4　RULink-WMS 智能仓储管理系统

（5）RULink-AMS（后市场服务平台）

后市场服务主要面向装备、设备制造企业，帮助企业通过智能感知设备管理自己的产品，包括设备的全生命周期管理，根据设备使用经历和实时数据反馈，提供售后维修建议，准备备品备件，甚至主动调配资源，提供主动服务等，以更好地为用户提供服务。平台贯穿"制造企业—经销商—供应商—终端客户"的整个后市场服务环节，提高服务质量，降低服务成本，提升客户粘合性。

（6）RULink-MRO（装备智能测控服务云）

装备安全与健康监测云平台，以云计算技术为基础，专注装备检测、监测、养护管理信息化建设，面向大中小各类型装备，构建一个提供信息化管理解决方案的云计算平台。平台中心集物联网、云计算和大数据存储管理分析于一体，为用户提供信息化基础设施、监测与管理软件及运行平台等优质的云计算资源，提供异构数据融合、数据异地备份容灾、大数据存储管理分析、结构监测分析与报告、综合安全评估与智能预警等服务。

3. 作用意义

山东瀚岳 R 联智造可实现透明、高效、互动的生产模式，实现数据采集分析服务与研发设计的网络化、生产过程的自动化智能化、管理过程的数字化、服务智能化，大幅提升行业协同创新、精准制造、精细管理的水平，优化供应链，推动全行业向高端化、智能化、绿色化、服务化转型。对制造企业进行全面管理和信息系统优化，帮助企业由传统制造升级为智能制造和服务型制造。

三、面向中小企业的"公有云"云制造服务平台（自研）

面向中小企业的云制造应用属于"公有云"服务平台，"公有云"基于互联网构成，"公有云"强调企业间制造资源和制造能力整合，提高整个社会制造资源和制造能力的使用率，实现制造资源和能力交易，"公有云"云制造服务平台中有三类参与者。

（1）云制造服务平台资源提供者：向平台提高本企业剩余或空闲的制造资源和能力，通过云制造平台实现交易，获取一定的利润。

（2）云制造服务平台资源使用者：可以按需购买和租用平台提供的资源和能力，从事相关的制造活动，通过减少资源购买和提高能力来降低企业成本和提高本企业竞争力来获取利润。

（3）云制造服务平台运营者：向资源服务提供者和使用者提供服务，通过收取服务费获取利润。

面向中小企业的"私有云"云制造服务模式重点在于支持广域范围内制造资源与能力的自由交易，支持中小企业自主发布资源能力需求和供应信息，并实现基于企业标准的制造资源和能力的自由交易，以及多主体间开发、加工、服务等业务协同，实现中小企业业务协作和产业集聚协作。

图 5-5 所示是中小企业云制造服务平台的应用模式。平台参与角色构成

方式为资源提供方、资源需求方、平台营运方三方，通过平台服务门户获得平台所提供的应用功能支持。中小型制造业企业大多会在制造工艺的层次上与外部资源进行协作。外部资源的加工进度，加工质量与企业的核心制造流程必须紧密结合在一起，才能保证总体生产制造按期、高质量的完成。为此，在实现协作管理方面，平台需要为企业提供细致到工艺过程中各道工序的协同计划制定、任务指派、执行跟踪等管理能力。同时，考虑到与企业核心业务流程管理的紧密结合，平台将实现与企业 ERP 系统集成，在数据上实现云制造平台与企业内部业务管理系统的互通。由于制造工艺、生产模式的区别，不同行业、业态的企业对于外部资源的协作管理模式存在很大差异。支持不同行业的企业用户在平台中建立个性化的协同管理能力和管理体系，是平台的一大功能特点。

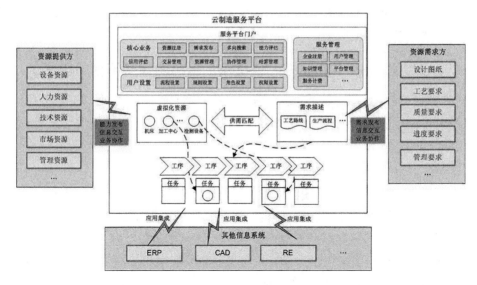

图 5-5　支持企业业务协作的中小企业云制造服务平台的应用模式

主要内容如下：

（1）平台服务模式及体系架构研究。包括支持企业业务协作的中小企业云制造服务平台需求分析，紧耦合模式下的制造资源共享及协同管理方法研究，支持企业业务协作的中小企业云制造服务平台服务模式研究，支持企业业务协作的中小企业云制造服务平台体系架构研究。

（2）平台研发。包括平台服务工具、用户配置工具的行业化定制开发，平台管理工具的产品化二次开发，平台与 ERP 系统的集成技术研究，平台与典型产品设计工具的集成技术研究，平台软件系统集成及调试。

（3）平台构建。包括平台运行环境软硬件部署模式研究，平台安全保障体系软硬件部署模式研究，平台软硬件环境部署及调试，装备制造、服装制造行业知识库构建。

（4）平台应用示范。包括平台服务体系构建，在装备制造、服装等制造行业的平台应用示范，形成云制造协作社区。在此过程中进一步完善平台商业化运作机制，形成规模化推广的服务模式。

支持企业业务协作的中小企业云制造服务平台需解决的关键技术如下：

（1）紧耦合模式下的制造资源共享及协同管理方法。

（2）用户可自主构建的个性化业务协作管理体系。

（3）装备制造、服装制造行业知识库构建。

（4）高数据安全、高可用、高性能平台架构等。

四、产品云追溯生命周期管理平台（自研）

1．概述

产品云追溯生命周期管理平台，用公众网络版的方式，以"一企一号，一物一码"身份信息为基础，通过为每个企业分配一个账号和后台，为企业提供从材料采购到用户消费整个产品生命周期管理方面的云信息技术服务。平台分云追溯大数据中心、政府级云追溯管理平台、企业级云追溯管理平台、消费者公共查询中心四个子系统。系统体系由网络平台、查询支持、在线服务、定制服务、数码服务、赋码服务、标签服务、硬件供应、云信群发、万国商城、技术培训等部分组成，是一个综合性、立体化、云服务的系统工程。

平台搭建成功以后，可以帮助企业实现物料溯源、生产管理、现场监管、检验检测、仓储物流、销售管理、售后服务等方面的数字化管理功能，从而辅助政府建立基于物联网及云计算技术的产品云追溯监管平台，帮助政府有效监控所属企业产品在其生命周期的全过程，可满足政府有关质量管控、现场监控、产品召回、过程追溯、责任核定等监管需求，同时可为所属企业提供原料追溯、产品防伪、物流管控、经销商管理、微网建设等企业产品信息化建设服务。

主要特点如下：

（1）在线高速赋码，实现低成本标识

利用高精度、高速度的编码标识设备（油墨喷印机、激光打标机）、高性能工业控制电脑、光电探头等传感设备及专用控制软件，在高速流水生产线上，进行最小单位和外箱的赋码。同时，将产品与包装进行多对一关系绑定，实现低成本标识，为产品进行物流追溯提供信息基础，为构建产品物联网平台，追溯产品的质量信息、控制市场产品"窜货"现象等提供有力的基础信息支撑。

（2）在线信息高速采集、对应，适应大规模生产

在线采集识别编码专用设备和控制系统，对生产线上流经该系统的每一箱产品内的所有有形包装的编码进行一次性采集和识别，自动进行数据处理，并驱动相关设备采集箱用条码信息，建立盒、箱、垛的多层对应关系。实现产品高速自动线的包装信息的采集对应与处理。解决了快速消费品生产信息的在线采集难以做到高速、精确的技术难题。

（3）集成多项技术应用，实现信息共享与统一管理

将快速消费类产品包装内外编码在线生成技术，包装内、外编码的在线高速赋码技术，编码的在线高速采集识别技术，质量追溯信息跟踪网络体系构建技术，质量追溯综合查询验证等技术集成应用，形成了集产品生产、仓储管理、物流、营销、信息服务于一体的新的物联网技术，实现了快速消费品质量安全追溯、监督、信息化统一管理。

（4）高效的物流信息管理网络系统，降低物流成本

自主研发的快速消费品仓储物流信息管理网络体系，可对产品的仓储管理信息进行精细化监控管理，提高产品的仓储管理水平，提高产品物流效率、缩短产品物流周期、降低产品仓储物流管理成本。

（5）多信道信息查询验证服务平台，实现信息服务大众化

自主研发的快速消费品质量安全追溯综合查询平台，可以与电话、手机短信、手机移动网络、互联网用户进行实时信息验证与交互。为实现快速消费品质量信息溯源与物流跟踪提供了综合高效服务平台。

自主研发的产品查询服务网络，可实时记录所有消费者对产品查询验证的相关信息，实现快速消费品物流监控与质量安全信息的大众监督，为企业实施CRM管理提供了精确的终端信息。

（6）多种接口开发技术，建立集团信息云平台

实现系统平台与企业其他信息系统（如 ERP、SAP、CRM、WCCS 等）无缝集成，充分利用已有资源，减少企业重复投资，建立集团企业的信息云平台，实现企业信息共享，极大地提升企业信息化管理水平。

（7）移动互联网智能手机终端及二维码识别技术普及化应用

充分利用移动互联网的技术及市场优势，将系统终端延伸到庞大的移动用户群体，消费者使用智能手机通过 QRCODE 二维码识别，简捷、快速地与系统进行交互。

2．系统架构与技术路线

（1）系统架构

系统架构如图 5-6 所示。

图 5-6　系统架构

（2）技术路线

项目客户端在 Windows 平台下开发，低层协议栈采用 C++开发，要求实现跨平台，UI 层采用.NET 开发。

产品标识采用先进的高速激光整箱打标、油墨喷码或其组合的标识技术，单件快速消费品标识信息的采集，采用高速 OCR 识读技术进行在线标识信息的采集。

产品大包装（箱）的条形码在线标识选用油墨喷印或激光打条码的技术进行标识，其条码信息的在线采集采用自主研发的多通道高速解码和瓶、箱、垛快速对应技术，以及选用高端的智能化数据终端采集设施。

仓储管理选用高端的数据采集器，利用无线局域网实现信息传递的实时化。

终端识别使用移动互联网及 QRCODE 二维码识别技术，发货前使用 Windows CE 平台工业手持识别终端，发货后的市场稽查人员和消费者使用智能手机终端。实现常用智能终端系统上的二维码识别软件研发，包括 Windows Mobile、Android、Symbain、Ios 四种智能手机操作系统。

通过对企业集团现有的基础架构进行整合，构建产品快速赋码和信息追溯的企业自己的云计算平台中心。

3. 技术原理与工艺流程

（1）技术原理

① 利用高精度、高速度的编码标识设备（油墨喷印机、激光打标机）、高性能工业控制电脑、光电探头等传感设备及专用控制软件，在高速流水生产线上，对整箱产品进行最小单位和外箱的赋码并将件与箱进行多对一关系绑定。

② 采用自主研发的在线采集识别编码专用设备和控制系统，对生产线上流经该系统的每一箱产品内的所有有形包装的编码进行一次性采集和识别，自动进行数据处理，并驱动相关设备采集箱用条码信息，建立盒、箱、垛的多层对应关系。实现产品高速自动线的包装信息的采集对应与处理。

③ 采用自主研发的快速消费品仓储物流信息管理网络体系，可对产品的仓储管理信息进行精细化监控管理。

④ 建立高速赋码技术的产品追溯系统平台，建立集团企业的信息云平台并与企业其他信息系统（如 ERP、SAP、CRM、WCCS 等）无缝集成。

⑤ 采用自主研发的快速消费品质量安全追溯综合查询平台，实现电话、手机短信、手机移动网络、互联网用户进行实时信息验证与交互。

（2）工艺（系统）流程

系统流程如图 5-7 所示。

（3）信息（数据）流程

数据流程如图 5-8 所示。

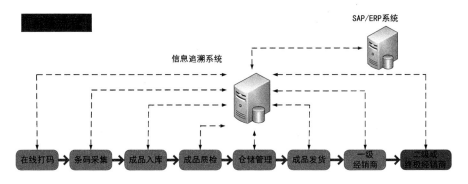

图 5-7 系统流程

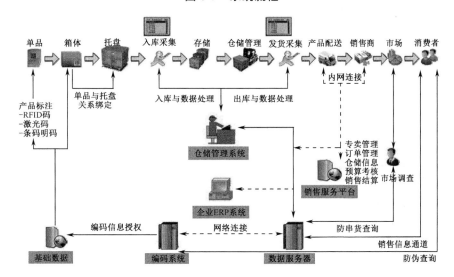

图 5-8 数据流程

五、绿盟科技云安全解决方案

北京神州绿盟信息安全科技股份有限公司（以下简称绿盟科技）成立于2000 年 4 月，总部位于北京。在国内外设有 30 多个分支机构，为政府、运营商、金融、能源、互联网以及教育、医疗等行业用户，提供安全产品及解决方案。绿盟科技自主研发的异常流量清洗系统、网络入侵检测系统、网络入侵防护系统、远程安全评估系统、Web 应用防护系统等产品，不但得到广大用户的认可，而且获得多个行业奖项，同时也在市场上取得了骄人的业绩。至今已形成围绕安全威胁管理、安全内容管理、漏洞评估及合规管理和综合安全审计等热点领域的产品家族，从而能够为广大行业客户

提供一体化的综合安全解决方案，在此主要介绍云计算安全解决方案。

1. 安全威胁和需求分析

云计算模式通过将数据统一存储在云计算服务器中，加强对核心数据的集中管控，比传统分布在大量终端上的数据行为更安全。由于数据的集中，使得安全审计、安全评估、安全运维等行为更加简单易行，同时更容易实现系统容错、高可用性和冗余及灾备恢复。但云计算在带来方便快捷的同时也带来新的挑战。

（1）安全威胁分析

CSA 在 2013 年的报告中列出了九大安全威胁。依排序分别为：①数据泄露；②数据丢失；③账户劫持；④不安全的接口（API）；⑤拒绝服务攻击（DDoS）；⑥内部人员的恶意操作；⑦云计算服务的滥用；⑧云服务规划不合理；⑨共享技术的漏洞问题。把云计算环境下的安全威胁细化，并按云计算环境下等级保护的基本要求进行对应，可得到如下云计算环境下的具体安全威胁。

① 网络安全部分

- 业务高峰时段或遭遇 DDoS 攻击时的大流量导致网络拥堵或网络瘫痪；
- 重要网段暴露导致来自外部的非法访问和入侵；
- 单台虚拟机被入侵后对整片虚拟机进行的渗透攻击，并导致病毒等恶意行为在网络内传播蔓延；
- 虚拟机之间进行的 ARP 攻击、嗅探；
- 云内网络带宽的非法抢占；
- 重要的网段、服务器被非法访问、端口扫描、入侵攻击；
- 云平台管理员因账号被盗等原因导致的从互联网直接非法访问云资源；
- 虚拟化网络环境中流量的审计和监控；
- 内部用户或内部网络的非法外联行为的检查和阻断；
- 内部用户之间或者虚拟机之间的端口扫描、暴力破解、入侵攻击等行为。

② 主机安全部分

- 服务器、宿主机、虚拟机的操作系统和数据库被暴力破解、非法访问的行为；
- 对服务器、宿主机、虚拟机等进行操作管理时被窃听；
- 同一个逻辑卷被多个虚拟机挂载导致逻辑卷上的敏感信息泄露；
- 对服务器的 Web 应用入侵、上传木马、上传 Webshell 等攻击行为；
- 服务器、宿主机、虚拟机的补丁更新不及时导致的漏洞利用，以及不安全的配置和非必要端口的开放导致的非法访问和入侵；
- 虚拟机因异常原因产生的资源占用过高，而导致宿主机或宿主机下的其他虚拟机的资源不足。

③ 资源抽象安全部分

- 虚拟机之间的资源争抢或资源不足导致的正常业务异常或不可用；
- 虚拟资源不足导致非重要业务正常运作但重要业务受损；
- 缺乏身份鉴别导致的非法登录 hypervisor 后进入虚拟机；
- 通过虚拟机漏洞逃逸到 hypervisor，获得物理主机的控制权限；
- 攻破虚拟系统后进行任意破坏行为、网络行为，对其他账户的猜解和长期潜伏；
- 通过 hypervisor 漏洞访问其他虚拟机；
- 虚拟机的内存和存储空间被释放或再分配后被恶意攻击者窃取；
- 虚拟机和备份信息在迁移或删除后被窃取；
- hypervisor、虚拟系统、云平台不及时更新或系统漏洞导致的攻击入侵；
- 虚拟机可能因运行环境异常或硬件设备异常等原因出错而影响其他虚拟机；
- 无虚拟机快照导致系统出现问题后无法及时恢复；
- 虚拟机镜像遭到恶意攻击者篡改或非法读取。

④ 数据安全及备份恢复

- 数据在传输过程中受到破坏而无法恢复；
- 在虚拟环境传输的文件或者数据被监听；
- 云用户从虚拟机逃逸后获取镜像文件或其他用户的隐私数据；
- 因各种原因或故障导致的数据不可用；

- 敏感数据存储漂移导致的不可控；
- 数据安全隔离不严格导致恶意用户可以访问其他用户数据。

为了保障云平台的安全，必须有效抵御或消减这些威胁，或者采取补偿性措施降低这些威胁造成的潜在损失。当然，从安全保障的角度讲，还需要兼顾其他方面的安全需求。

（2）安全需求和挑战

从风险管理的角度讲，主要就是管理资产、威胁、脆弱性和防护措施及其相关关系，最终保障云计算平台的持续安全，以及其所支撑的业务的安全。

云计算平台是在传统 IT 技术的基础上，增加了一个虚拟化层，并且具有资源池化、按需分配、弹性调配、高可靠等特点。因此，传统的安全威胁种类依然存在，传统的安全防护方案依然可以发挥一定的作用。综合考虑云计算所带来的变化、风险，从保障系统整体安全出发，其面临的主要挑战和需求如下：

- 法律和合规；
- 动态、虚拟化网络边界安全；
- 虚拟化安全；
- 流量可视化；
- 数据保密和防泄露；
- 安全运维和管理。

针对云计算所面临的安全威胁及来自各方面的安全需求，需要科学设计云计算平台的安全防护架构，选择安全措施，并进行持续管理，满足云计算平台的全生命周期的安全。

2. 云安全防护总体架构设计

云安全防护设计应充分考虑云计算的特点和要求，基于对安全威胁的分析，明确各方面的安全需求，充分利用现有的、成熟的安全控制措施，结合云计算的特点和最新技术进行综合考虑和设计，以满足风险管理要求、合规性的要求，保障和促进云计算业务的发展和运行。

（1）设计思路

在进行方案设计时，将遵循以下思路。

① 保障云平台及其配套设施

云计算除了提供 IaaS、PaaS、SaaS 服务的基础平台外，还有配套的云管理平台、运维管理平台等。要保障云的安全，必须从整体出发，保障云承载的各种业务、服务的安全。

② 基于安全域的纵深防护体系设计

对于云计算系统，仍可以根据威胁、安全需求和策略的不同，划分为不同的安全域，并基于安全域设计相应的边界防护策略、内部防护策略，部署相应的防护措施，从而构造起纵深的防护体系。当然，在云平台中，安全域的边界可能是动态变化的，但通过相应的技术手段，可以做到动态边界的安全策略跟随，持续有效地保证系统的安全。

③ 以安全服务为导向，并符合云计算的特点

云计算的特点是按需分配、资源弹性、自动化、重复模式，并以服务为中心。因此，对于安全控制措施选择、部署、使用来讲，必须满足上述特点，即提供资源弹性、按需分配、自动化的安全服务，满足云计算平台的安全保障要求。

④ 充分利用现有安全控制措施及最新技术

在云计算环境中，还存在传统的网络、主机等，同时，虚拟化主机中也有相应的操作系统、应用和数据，传统的安全控制措施仍旧可以部署、应用和配置，充分发挥防护作用。另外，部分安全控制措施已经具有了虚拟化版本，也可以部署在虚拟化平台上，对虚拟化平台中的东西流量进行检测、防护。

⑤ 充分利用云计算等最新技术

信息安全措施/服务要保持安全资源弹性、按需分配的特点，也必须运用云计算的最新技术，如 SDN、NFV 等，从而实现按需、简洁的安全防护方案。

⑥ 安全运营

随着云平台的运营，会出现大量虚拟化安全实例的增加和消失，需要对相关的网络流量进行调度和监测，对风险进行快速的监测、发现、分析及相应管理，并不断完善安全防护措施，提升安全防护能力。

（2）安全保障目标

通过人员、技术和流程要素，构建安全监测、识别、防护、审计和响

应的综合能力，有效抵御相关威胁，将云平台的风险降低到企业可接受的程度，并满足法律、监管和合规性要求，保障云计算资源/服务的安全。

（3）安全保障体系框架

云平台的安全保障可以分为管理和技术两个层面。首先，在技术方面，需要按照分层、纵深防御的思想，基于安全域的划分，从物理基础设施、虚拟化、网络、系统、应用、数据等层面进行综合防护；其次，在管理方面，应对云平台、云服务、云数据的整个生命周期、安全事件、运行维护和监测、度量和评价进行管理。云平台的安全保障体系框架如图 5-9 所示，具体说明如下。

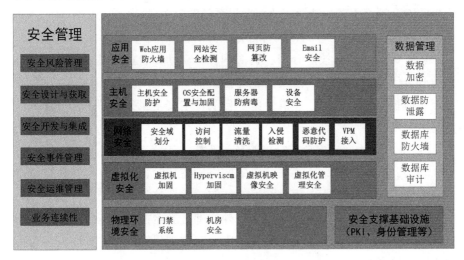

图 5-9　安全保障体系框架

① 物理环境安全：在物理层面，通过门禁系统、视频监控、环境监控、物理访问控制等措施实现云运行的物理环境、环境设施等层面的安全。

② 虚拟化安全：在虚拟化层面，通过虚拟层加固、虚拟机映像加固、不同虚拟机的内存/存储隔离、虚拟机安全检测、虚拟化管理安全等措施实现虚拟化层的安全。

③ 网络安全：在网络层，基于完全域划分，通过防火墙、IPS、VLAN ACL 手段进行边界隔离和访问控制，通过 VPN 技术保障网络通信完全和用户的认证接入，在网络的重要区域部署入侵监测系统（IDS）以实现对网络攻击的实时监测和告警，部署流量监测和清洗设备以抵御 DDoS 攻击，部署

恶意代码监测和防护系统以实现对恶意代码的防范。需要说明的是，这里的网络包括了实体网络和虚拟网络，通过整体防御保障网络通信的安全。

④ 主机安全：通过对服务主机/设备进行安全配置和加固，部属主机防火墙、主机 IDS，以及恶意代码的防护、访问控制等技术手段对虚拟主机进行保护，确保主机能够持续提供稳定的服务。

⑤ 应用安全：通过 PKI 基础设施对用户身份进行标识和鉴别，部署严格的访问控制策略，关键操作的多重授权等措施保证应用层安全，同时采用电子邮件防护、Web 应用防火墙、Web 网页防篡改、网站安全监控等应用安全防护措施保证特定应用的安全。

⑥ 数据保护：从数据隔离、数据加密、数据防泄露、剩余数据防护、文档权限管理、数据库防火墙、数据审计方面加强数据保护，以及离线、备份数据的安全。

⑦ 安全管理：根据 ISO27001、COBIT、ITIL 等标准及相关要求，制定覆盖安全设计与获取、安全开发和集成、安全风险管理、安全运维管理、安全事件管理、业务连续性管理等方面的安全管理制度、规范和流程，并配置相应的安全管理组织和人员，并建议相应的技术支撑平台，保证系统得到有效的管理。

上述安全保障内容和目标的实现，需要基于 PKI、身份管理等安全基础支撑设施，综合利用成熟的安全控制措施，并构建良好的安全实现机制，保障系统的良好运转，以提供满足各层面需求的安全能力。

由于云计算具有资源弹性、按需分配、自动化管理等特点，为了保障其安全性，就要求安全防护措施/能力也具有同样的特点，满足云计算安全防护的要求，这就需要进行良好的安全框架设计。

3. 安全保障体系总体技术实现架构设计

云计算平台的安全保障技术体系不同于传统系统，必须实现和提供资源弹性、按需分配、全程自动化的能力，不仅仅为云平台提供安全服务，还必须为租户提供安全服务，因此需要在传统的安全技术架构基础上，实现安全资源的抽象化、池化，提供弹性、按需和自动化部署能力。

总体技术实现架构，充分考虑云计算的特点和优势，以及最新的安全防护技术发展情况，为了达成提供资源弹性、按需分配的安全能力，云平台

的安全技术实现架构设计如图 5-10 所示，具体说明如下。

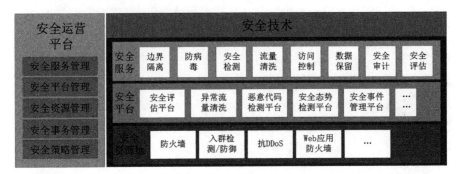

图 5-10 云平台安全技术实现架构

① 安全资源池：可以由传统的物理安全防护组件、虚拟化安全防护组件组成，提供基础的安全防护能力。

② 安全平台：提供对基础安全防护组件的注册、调度和安全策略管理。可以设立一个综合的安全管理平台，或者分立的安全管理平台，如安全评估平台、异常流量检测平台等。

③ 安全服务：提供给云平台租户使用的各种安全服务，提供安全策略配置、状态监测、统计分析和报表等功能，是租户管理其安全服务的门户。

通过此技术实现架构，可以实现安全服务/能力的按需分配和弹性调度。当然，在进行安全防护措施具体部署时，仍可以采用传统的安全域划分方法，明确安全措施的部署位置、安全策略和要求，做到有效的安全管控。

对于具体的安全控制措施来讲，通常具有硬件盒子和虚拟化软件两种形式，可以根据云平台的实际情况进行部署方案选择。

4．与云平台体系架构的无缝集成

云平台的安全防护措施可以与云平台体系架构有机的集成在一起，对云平台及云租户提供按需的安全能力，如图 5-11 所示。

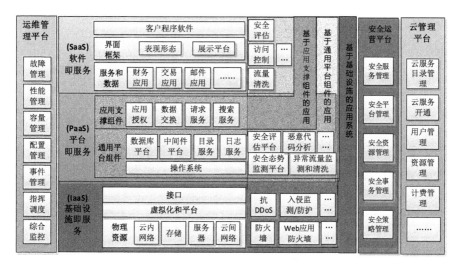

图 5-11 具有安全防护机制的云平台体系架构

5．工程实现

　　云平台的安全保障体系最终落实和实现应借鉴工程化方法，严格落实"三同步"原则，在系统规划、设计、实现、测试等阶段落实相应的安全控制，实现安全控制措施与云计算平台的无缝集成，同时做好运营期的安全管理，保障虚拟主机/应用/服务实例创建的同时，同步部署相应的安全控制措施，并配置相应的安全策略。

　　建立系统安全资源池（见图 5-12），池中各类安全产品可提供相应的安全能力。系统可提供安全产品开通、调度、服务编排，以及安全运维功能；提供安全策略管理、配置管理、安全能力管理、安全日志管理等与特定安全应用密切相关的功能。在全方位保障云环境安全的基础上，使安全管理可视化、有效化。

6．方案优势

　　（1）适应性广，安全功能多

　　支持 VMWare、OpenStack 云平台，以及基于 KVM、Xen 的各种定制化云平台。同时，可以支持物理的、虚拟化、SaaS 化的安全资源类型，提供多种安全能力。

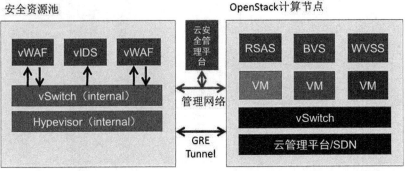

图 5-12　安全资源池示意图

（2）模块化架构，可灵活扩展

系统采用模块化架构，根据应用场景和需求的不同，可以选择和部署相应的安全资源、安全应用，满足经济性、合规性要求。

（3）弹性资源，收放自如

通过资源池化技术、负载均衡技术、热迁移技术的能力，可以对外提供安全、弹性的安全功能，自如地进行扩容、缩容。

（4）全程自动化，可快速部署

运用 SDN、NFV 技术，用户通过系统可以按需、自助的进行安全能力的开通。同时，可以根据业务需要，实现多种安全设备的协同防护，抵御各类安全攻击事件。

（5）基于安全域的纵深防护体系

对于云计算系统安全域边界的动态变化，通过相应的技术手段，可以做到动态边界的安全策略跟随。基于安全域设计相应的边界防护策略、内部防护策略，部署相应的防护措施，从而实现多层、纵深防御，才能有效地保证云平台资源及服务的安全，从而构造纵深防护体系。

7．客户价值

（1）为云环境构建全方位的防护体系

对客户云平台做深入分析，根据其资源和安全需求，从物理基础设施、虚拟化、网络、系统、应用、数据等层面设计、建设和运维一套从点到面的全方位防护体系，为客户的云环境提供持续全面地安全保障。

（2）提供可控灵活的安全防护能力

通过安全能力抽象和资源池化，系统可将安全设备抽象为具有不同能力的安全资源池，并根据具体业务规模横向扩展该资源池规模，满足客户的安全性要求。后期还可以随着客户云环境的扩容进行安全资源池的灵活扩展，满足客户对安全服务能力的需求。

（3）内部人员可集中运维

简单、易用的运维平台，可对云内虚拟化安全设备进行统一运维管理，可大幅度降低客户运维成本，提高运维管理效率。

（4）向云迁移满足合规要求

通过构建安全监测、识别、防护、审计和响应的综合能力，有效抵御相关威胁，保障云计算资源和服务的安全，使客户在向云迁移的过程中满足监管与合规性要求。

第二节　其他领域

一、条码设备

1．苏州斯康

苏州斯康自动识别技术有限公司（苏州斯康），是一家专业致力于条码相关产品、条码自动识别技术研究、开发和应用的高科技企业，涵盖了自动识别硬件系统的构建和软件系统的开发。以自动识别技术为核心，在条码打印输出、数据采集处理、数据移动管理及专业技术服务方面，为制造、零售、物流、金融、医疗、政府公共事业等行业客户提供高品质设备、耗材以及专业高效的数据整合应用方案；并将自动识别技术应用于生产管理、仓储管理、物流配送管理、固定资产管理、移动销售等领域。

（1）新大陆 PT982 采集器

NLS-PT982（见图 5-13）是一种便携拍照式（条码）数据采集器，可以采集的数据有一维条码/二维条码（可支持 PDF417、QRCode、DataMatrix、Aztec、Vericode、汉信码等），设计坚固，IP54 工业等级的设计有利于减少维护开销。可选配 GPRS/CDMA1X/802.11g/Bluetooth 无线模块，可以用WINCE6.0 平台下的任意二次开发工具进行开发，并可将数据存储在MiniSD 或其他任意的 USB 闪存设备。

（2）苏州易腾迈 PD41 打印机

易腾迈 PD41 打印机系列配备了功能强大的工具软件和应用软件（见图 5-14）。Intermec 经典的工具软件 PrintSet，把打印机的诊断和配置变得轻松明快。独特的 InterDriver 驱动软件除了提供 Windows 下的打印驱动外，还可在 Windows Office 环境下直接编排和打印条码标签。免费提供的 LabelShopStart 条码标签排版软件，保障了开机即用的便利。高端的 LabelshopPro 和 ERPLabelforSAPR/3 等软件提供了与 ERP 等大型软件系统的集成功能。IntermecPrinterNetworkManager（IPNM）软件提供了强大的网络管理功能。

图 5-13　新大陆 PT982 采集器　　　图 5-14　易腾迈 PD41 打印机

（3）耐高温标签

根据不同客户的要求，模切、印刷、定制不同的不干胶标签纸，加工生产的产品种类有：卷筒标签、条码标签、变量标签、不干胶标签、服装吊牌、洗水唛、洗水布标、PET（消银龙）、热敏纸标签、合成纸标签、图案标签、染色标签、PE 不干胶标签、序列号、流水号、连号条码打印、价钱条码、内外箱条码、一维二维条码、特殊条码打印标签等。

用途包括如下方面：

- 包装：麦头标签、邮政包裹、信件包装、运输货物标示、信封地址标签。
- 电器：手机内部标签、各种电器标签、笔记本电脑标签、机电产品标签。
- 商品：价格标签、产品说明标签、货架标签、条码标签、品牌标签。
- 管理：图书标签、车检标签、安检标签、财产标签。

- 办公：文件公文标签、档案保存标签、各种物品及文具标签。
- 生产：原材料标示、加工产品标示、成品标签、库存管理标签。
- 化工：油漆材料标示、汽油机油产品包装标示及各种特殊溶剂产品的标示，防伪标签、加密标签、防盗标签。
- 珠宝：珠宝首饰吊牌标签、不易粘贴于商品的吊牌标签。
- 服装：服装吊牌、水洗标签。
- 机场：登机牌、行李标签。
- 车票：火车票、长途汽车票。
- 其他：停车场票、高速公路收费票等。

2. 大真条码

深圳市大真条码技术有限公司（大真条码），成立于 1995 年，是国内最早从事自动识别技术服务的公司之一，大真条码与众多国际著名条码品牌建立了合作关系，产品种类包括条码打印机、条码扫描枪、数据采集器、RFID、证卡打印机、查价机、扫描模块等系列产品，大真还自主研发多款仓库出入库执行系统、标签打印管理系统、产线生产跟踪管理系统、门店订单采集系统，成为国内条码技术应用行业的个性化、精准化和专业化的典范。

针对制造业条码应用的综合，大真条码推出的信息管理方案是结合条码自动识别技术，借助条码设备有效收集管理对象在生产过程、售后服务现场作业环节的相关信息数据，跟踪管理对象在其生命周期中流转运动的全过程，使企业能够实现对生产制造过程追踪监控、产品销售管理、产品质量追溯管理目标。具体的利用条码技术、自动识别技术和先进的 GPSONE 定位技术，以及 CDMA1X 无线网络、WLAN 无线局域网建立一个方便快捷的企业产品综合信息管理平台，对生产制造业的物流信息进行采集跟踪和管理。

实现目标如下：

- 确保产品代码的唯一性和正确性。
- 对制造生产进行质量跟踪。
- 实时显示采集的数据，监控生产情况。
- 及时编制各车间的投料计划。

- 及时汇总各车间的日报表。

- 方便查询生产销售的各种数据。

- 及时进行投入产出分析。

- 实时销售统计。

- 为售后产品出现问题时提供逆向查询原因的手段。

- 及时反馈产品质量。

- 加强对售后服务部门的管理。

平台通过对生产制造业的物流跟踪，满足企业针对物料准备、生产制造、售后服务、质量控制等方面的信息管理需求。平台高度集成，数据可追踪、溯源、反查，能满足多变的管理需求，便于了解生产计划的执行情况、具体单位部件的流向及产品的市场销售情况和产品的售后服务情况，为产品的生产及远程商品管理和物流追踪定位提供强大支持和有力的保证。具有良好的兼容性和扩展性，企业可根据自身的需要在此基础上构建各种综合应用系统。

二、RFID 设备

1. 芯联创展

北京芯联创展电子技术股份有限公司（芯联创展）致力于为客户提供最具性价比的超高频 RFID 读写器和多款 RFID 模块产品，同时还提供超高频 RFID 设备的周边配套产品和全面的行业解决方案。

芯联创展为客户提供最全面的超高频 RFID 产品，特别是固定式读写器、一体式读写器、超高频 RFID 模块、车联网专用 RFID 标签等产品，其中多项产品均为芯联创展完全自主研发，且具有专利技术，并且获得了包括发明专利在内的多项自主知识产权。

（1）读写器

- UHF 固定式读写器 SLR1103：固定式读写器 SLR1103 是基于芯联创展自主研发的 UHF 大功率模块设计的，可以通过网络发送指令来控制读写器工作。SLR1103 读写器能适应恶劣的仓库或者生产环境，可应用于物流、门禁系统、防伪系统和生产过程控制等多种无线射频识别（RFID）系统，是商业和工业应用 RFID 读写设备的理想选择。

- RFID 读写器模块 SLR3100：UHF 模块 SLR3100 是芯联创展技术团队于 2015 年自主研发的高性价比超高频 RFID 读写模块，是专为满足高性能 RFID 手持设备移动的需求而生。SLR3100 模块功耗低、体积小、RF 性能好的特点及先进的抗干扰设计使其成为移动设备的优先选择。

- 蓝牙超高频 RFID 读写器 SLR5104：便携蓝牙超高频读写器 SLR5104 符合 ISO18000-6C&EPCC1G2 协议，通过蓝牙模式与手机、平板等具有蓝牙功能的设备通信（Android4.3 以上），可以方便地控制该读写器工作，所采集的数据可适时回传到个人终端，以方便后续处理。本产品不仅具有精致、小巧的外观，还具有非常出色的工作性能和超高性价比，非常适用于溯源管理、商品防伪、设备资产管理等应用场合。

（2）手持机

- RFID 手持终端 SL-B400，如图 5-15 所示。

- B450 手持机，如图 5-16 所示，是一款支持 Android 4.0 平台的手持机。

图 5-15　RFID 手持终端 SL-B400　　　　图 5-16　B450 手持机

2. 无锡旗连

无锡旗连电子科技有限公司（MagicRFCo.Ltd.）成立于 2011 年，是一家专业从事超高频（UHF）射频识别（RFID）读写器芯片产品开发与技术服务的高科技企业。公司获得无锡"530"计划的支持，公司的主营产品 UHFRFID 读写器芯片具有完全自主知识产权，符合国际和国内标准及相关规范，在集成度、功耗、价格等方面的综合指标处于业内领先。基于该系

列芯片产品开发的读写器模块，读写器整机、发卡器、手机/平板外设等产品在市场上具有体积小、功耗低、性价比高的优势。

主要产品及解决方案如下：

- 固定式读写器：读写器安装在固定位置，可以形成一个固定的"询问区"，标签进出"询问区"时就可以在这个区域中被读取。主要用于物流管理、门禁管理等。

- 移动式读写器：与移动终端或者载体相结合的读写器设备，例如手持读写器、车载读写器等。主要用于资产管理、物流管理、生产管理等。

- 桌面式读写器：在办公环境对电子标签操作的小型读写器设备。主要用于电子标签初始化（发卡器）、文件/票据用标签识别等。

- 手机/平板电脑外设读写器：与手机/平板电脑相结合的读写器外设。根据接口不同分为音频口读写器、USB 口读写器、蓝牙读写器等。主要用于终端用户的查询（如消费者、监管者）等。

- RFID 打印机：与打印机相结合的读写器模块产品，在打印电子标签的同时将数据写入电子标签。主要用于电子标签的批量初始化。

- 防伪查询机：一种特殊的固定式读写器，包含面向消费者的用户界面。主要用于终端消费者在销售点的防伪查询。

3．杭州友上

SYGOLE 思谷作为国内成立时间最早、最专注于工业识别产品及解决方案的服务商，全面参与了中国智能制造理念的提出和智慧工厂建设的起步和发展。公司由华中科技大学数字制造装备与技术国家重点实验室孵化，创业于广东东莞，已取得 50 多项国家专利，参与 3 项国家智能制造标准制定，成果荣获国家技术发明二等奖。

为响应我国制造强国战略规划，战略布局长三角，成立区域服务公司，提升本地化服务能力和效率，至今已与各行业生产自动化集成商、物流自动化集成商、信息系统集成商广泛开展合作，服务集成商超过 100 家，服务终端用户超过 500 家，服务团队规模超过 20 人。

主营产品，一是工业 RFID 产品，主要型号是 SYGOLE 思谷系列高频 RFID 和超高频 RFID 产品，包括读写器、读写头/天线、载码体/标签、总线协议控制器/网关、工业 PAD/RFID 手持机，支持各类通信方式和工业现场总线协议。二是 RFID+产品，主要是基于思谷 RFID 核心技术，并集成其他智能感知、工业传感、软件技术等经二次开发而成的免集成 RFID+系列产品，包括高频/超高频 RFID+智能通道门、线边 RFID+智能通道门、隧道式 RFID+智能通道门、叉车 RFID+改造包等，可支持定制化开发。三是光学识别产品，主要型号是 HIKVISION 海康威视系列机器视觉产品，包括工业智能相机、工业面阵相机、工业线阵相机，得利捷、霍尼韦尔、斑马一维和二维扫描枪、打印机及各类耗材，满足视觉读码和数据采集需求。

其主要产品之一，超高频手持移动终端 SG-UR-H6（见图 5-17），是基于安卓或 WinCE 系统、性能稳定的移动物联网工业设备。其具有完备的配件选择，支持多种数据采集模块和通信模块，具有强大的数据采集和传输功能，可灵活配置，具有防护等级高、操作流畅、超长待机等优势，能够充分满足业务需求。它支持可配置的多种数据采集方式，包括条码识别、RFID 识别，强力支持专业、精准、迅捷数据采集业务，支持多种数据通信方式，包括 USB、广域网 (3G)、WiFi、蓝牙等通信方式，海量业务信息随时随地实时传输。

图 5-17　超高频手持移动终端 SG-UR-H6

三、工业云安全设备

1. 安全狗

厦门服云信息科技有限公司（品牌名："安全狗"），秉承"软件定义防御智能驱动安全"的产品理念，依托云端安全技术和大数据安全分析能力，为用户构建立体式的云安全防御体系，满足用户上云的安全需求，并全方位地守护用户的云上资产，为政府、金融、医疗、教育、中大型企业、运营商、云计算服务商等行业客户提供极具核心竞争力的云安全产品、服务和解决方案。同时，安全狗还深入参与到国内云计算生态的建设中，安

全狗云安全平台已成功对接各大云计算平台，与华为云、金山云、京东云等国内主流云平台开展战略级合作，并深度集成安全狗云安全产品。

主要产品如下。

（1）云安全管理平台

基于"数据驱动"的新一代云安全管理平台，带来全新改观，让安全管理变得"主动、可视、可防、可知、可管"。

主要功能模块如图 5-18 所示。

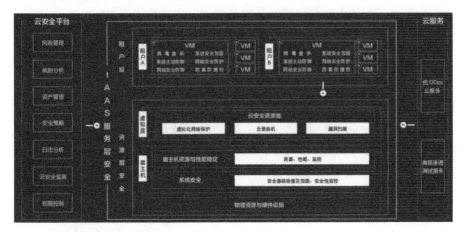

图 5-18　云安全管理平台功能模块

① 风险管理

准确识别高危漏洞，减少服务器被入侵的风险。

- 漏洞补丁识别、管理及批量修复。

- 系统账号、权限风险识别及修复。

- 网页后门识别。

- 病毒检测与查杀。

- 应用配置风险识别及修复。

② 威胁分析

将不同的"线索"拼成"全貌"，快速发现真正的威胁，并解决问题。

- 攻击分析：对所有攻击事件和定向攻击事件进行分析，用攻击趋势列表直观展示攻击详情，管理人员可以直观地发现攻击动向并及时作出反应。

- 攻击源分析：通过对攻击 IP 风险程度和地理区域分布进行分析，

清晰掌握攻击源，并将攻击源区分为高危、中危和低危区域，让攻击更加"可视化"。

- 被入侵主机分析：详细列举病毒木马、账号提权、敏感行为、网页后门和异地登录等被入侵状况，全面而及时地掌握入侵事件的详细信息。

③ 资产管理

主动进行 IT 资产发现，并统一进行实施及安全管理。

- 资产态势分析：通过对主机、网站、开放端口、第三方组件等所有资产的描述和管理，将全部资产状况呈现在界面上，实时了解资产现状和被攻击现状，更直观和全面地了解和管理资产。

- 混合云管理：由于云计算的发展，各企业的服务器呈现出多样化特征，以往的安全产品很难解决多种云环境下的安全问题，云垒已经和所有主流云安全厂商达成合作，可以迅速对混合云环境下的服务器进行批量管理，更好地解决了企业服务器云环境多样化的问题。

- 主动进行 IT 资产发现，并统一进行实施及安全管理：针对云端的所有服务器，进行批量管理，解决了以往安全防护手段中不能批量处理的难题，让安全管理人员能够更有效率地管理多台服务器。

- 单台服务器防护管理：包括网络防火墙、系统防火墙、体检修复几项内容，可以选定单台服务，并针对其进行定向设置和管理。

④ 日志分析

自动收集汇总日志，智能化分析，减轻运维管理中日志查询搜索的巨大工作量，如图 5-19 所示。

图 5-19　日志分析功能

⑤ 安全策略

结合安全狗多年安全防护管理经验，针对行业用户提供多重安全防护策略，同时支持自定义安全防护规则设定，可针对 Web 防火墙、应用防火墙、漏洞防护、黑白名单等制定统一的安全管理策略模板，通过批量下发安全管理策略，帮助用户做出快速应对和安全防护调整。

- Web 防火墙。
- 应用防火墙。
- 漏洞防护。
- 黑白名单。

⑥ 云安全监控

7×24 小时实时云监控，为用户提供多元化自动监控体系，并提供多种告警方式以保证及时预警，帮助用户实现服务器及网站运行状态全掌握，快速排查运维故障。

- 登录监控：通过对比当前登录地与日常登录地的差异，准确发现和识别异常登录风险问题并进行告警，引导用户完成风险修复，保护用户服务器的所有权。
- 性能监控：借助性能监控服务，用户可以全面了解每台主机 Apache/IIS 的带宽消耗、数据库并发链接情况、网站延时等问题，从而进一步提高和优化网站访问质量。
- 进程监控：全面掌握进程基线信息，快速定位是否存在潜藏恶意木马或来路不明程序，有效规避无用服务和无关程序。
- 资源监控：通过对服务器 CPU、内存、存储等资源的实时监控，明确资源消耗原因，提升服务器资源使用效率。

（2）安全态势感知平台

① 主要功能

- 自适应安全弹性平台：安全防御、安全管理（资产安全、基线安全、漏洞风险发现、安全审计）、威胁分析、日志大数据分析（关联分析、攻击溯源）、持续监测和快速响应。

- 安全大数据分析平台：利用关联分析、数据挖掘、机器学习和威胁情报技术，融合分析安全狗告警日志、系统日志、设备日志、网络流量，形成企业内网安全大数据。

- 安全态势可视化展示平台：利用可视化技术直观展示风险态势、攻击态势、威胁态势、资产态势。

② 平台架构

平台架构如图 5-20 所示。

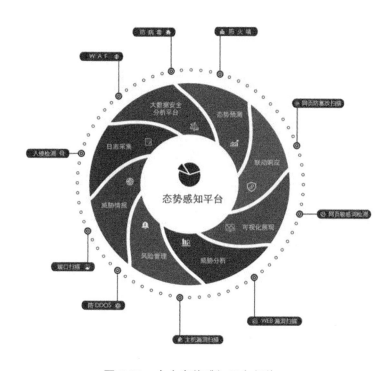

图 5-20　安全态势感知平台架构

③ 可视化效果

通过收集各类网络安全数据，从漏洞态势、DDOS 攻击态势、网络攻击态势、可用性态势、主机态势、Web 攻击态势等维度全面评估企业网络安全态势等级，快速感知企业整体安全状况。

- 攻防对抗态势，如图 5-21 所示。

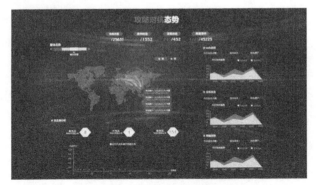

图 5-21　攻防对抗态势

- 安全监测态势，如图 5-22 所示。

图 5-22　安全监测态势

- DDOS 攻击态势，如图 5-23 所示。

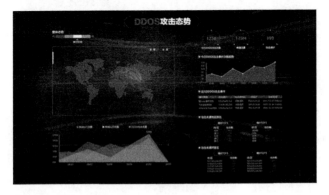

图 5-23　DDOS 攻击态势

● 流量监测态势，如图 5-24 所示。

图 5-24　流量监测态势

2．阿里云

云盾是阿里巴巴集团多年来安全技术研究积累的成果，结合阿里云计算平台强大的数据分析能力，为客户提供 DDOS 防护、主机入侵防护，以及漏洞检测、木马检测等一整套安全服务。其优势特点在于免部署、免维护，即时开启开通云服务器即开启云盾安全防护多层防御体系，网络层提供流量清洗中心，主机层提供客户端防护功能应用，数据层提供防火墙功能，海量数据分析收集攻击行为数据，分析判断安全趋势决定防护决策。

主要功能如下：

（1）安全防护

① 网络安全

● DDOS 防护：提供四到七层的 DDOS 攻击防护，防护类型包括 CC、SYN flood、UDP flood 等所有 DDOS 攻击方式。

● Web 防火墙：提供 Web 攻击防护防火墙，能有效拦截 SQL 注入、XSS 跨站等类型的 Web 攻击。

● 云防火墙：云防火墙是一款云计算环境下的防火墙产品。云防火墙基于业务可视化、实现业务分区／分组，可以清晰地甄别合法访问和非法访问，从而执行安全隔离策略。

② 主机/服务器安全

提供包括密码暴力破解、网站后门检测和处理、异地登录、主机全量

日志实时检索在内的反入侵服务。

③ 应用安全

提供云盾证书服务（Alibaba Cloud Certificates Service），由阿里云联合多家国内外知名 CA 证书厂商，在阿里云平台上直接提供服务器数字证书；阿里云用户可以在云平台上直接购买，甚至免费获取所需类型的数字证书，并一键部署在阿里云产品中，以最小的成本实现将所持服务从 HTTP 转换成 HTTPS。在云上签发各品牌数字证书，可迅速实现网站 HTTPS 化，使网站可信、防劫持、防篡改、防监听。并进行统一生命周期管理，简化证书部署，一键分发到云上产品。

- 证书管理：提供上传证书和私钥功能，实现在阿里云平台统一管理各种数字证书。
- 购买证书：提供受信任 CA 认证中心颁发的数字证书。经过 CA 认证中心审核认证后，颁发各等级的数字证书。
- 一键部署：提供在云平台上一键部署数字证书到其他阿里云产品的功能，实现低成本部署数字证书。
- 吊销证书：按照标准的证书吊销流程，经过 CA 认证中心审核后，安全地吊销服务器数字证书。

④ 数据安全

- 数据库审计：数据库审计服务，可针对数据库 SQL 注入、风险操作等数据库风险操作行为进行记录与告警。支持 RDS 云数据库、ECS 自建数据库，为云上数据库提供安全诊断、维护、管理能力。
- 加密服务：满足云上数据加密、密钥管理、加解密运算需求的数据安全解决方案。

⑤ 内容安全

智能识别文本、图片、视频等多媒体的内容违规风险，如涉黄、暴恐、涉政等，省去 90% 人力成本。

- ECS 站点检测：网站内容涉及违规信息时，会提前预警，并提供违规网页地址及快照查看功能。
- OSS 图片鉴黄：实时检测，准确率高达 99.5% 以上，及时阻止黄图外露，提供人工审核平台执行删除、忽略等操作。

- 内容检测 API：提供智能鉴黄、OCR 图文识别、暴恐敏感图像识别、文本过滤等内容检测 API 接口服务。

（2）安全管理

①态势感知

安全大数据分析平台，通过机器学习和结合全网威胁情报，发现传统防御软件无法覆盖的网络威胁、溯源攻击手段，并且提供可行动的解决方案，界面如图 5-25 所示。

- 威胁发现：利用机器学习对企业安全进行量化分析，发现传统安全产品无法覆盖的网络威胁。

- 风险分析：预测和避免安全风险对业务造成的损失，溯源攻击行为，提供可行动的解决方案。

- 可视化大屏：专业的安全运维作战指挥中心，8 块可视化大屏，全面掌控安全状况，辅助决策。

图 5-25　阿里云盾安全态势感知界面

② 安全体检

提供 Web 漏洞检测、网页木马检测、端口安全检测等安全检测服务。

③ 云监控

云监控 CMS（Cloud Monitor System）是一个开放性的监控平台，可实时监控站点和服务器，并提供多种告警方式（短信、旺旺、邮件、回调接口）以保证及时预警，为站点和服务器的正常运行保驾护航。

（3）先知服务

先知（安全情报）提供私密的安全众测服务，在黑客之前找到可导致企业数据泄露、资损、业务被篡改等危机的漏洞，企业可对漏洞进行应急响

应、及时修复；避免对企业的业务、用户及资金造成损害。全球顶尖白帽子和安全公司帮助寻找漏洞，全面体检，提早发现业务漏洞及风险，按效果付费。

- 漏洞收集：加入先知（安全情报）后，白帽子和安全公司将对系统进行全面的安全测试；由阿里安全专家进行漏洞审核。
- 自主设定奖励计划：自主设定测试范围、奖励计划，支持测试人员自行选择，100%按漏洞效果付费。
- 漏洞生命周期管理：阿里安全专家提供漏洞修复建议、复测服务和定期的漏洞报告。